皮革×布作

初學者の手作錢包

自從開始使用自己作的皮革長夾，至今已過了好幾年。
可以自己決定零錢包的方向、紙鈔放入的位置、卡片夾的容量，
非常實用，生活中已不能缺少它。
在那之前，我偏愛使用對摺式的錢包，
雖說是長夾，我製作了細長且不占空間的款式，
往後就一直愛用著這個基本款的錢包。

想要帶小包包，以輕便裝扮出門時，
我會把錢包中的物品換到輕巧型的摺疊式錢包；
想到附近買點東西時，
只在口袋放入零錢包就出門，
當然，這些都是自己製作的包。
有時我也會以相同材料，製作不同組合的錢包。

錢包好不好用，端看個人。
手拿的大小尺寸，口袋方向，
小細節是影響好不好用的關鍵。
有人想要將紙鈔及錢幣，卡片全部集中放在一起；
也有人希望各別分開收納；或是想要搭配時間、地點、場合選擇錢包等等
各種須求，我認為錢包是最適合自己手作的一個項目。

從只要加上壓釦就能完成的零錢包到長夾，我試著集合了各種款式的作品。
例如：可以當成飾品盒或藥盒使用的零錢包，
或是可當作收納包使用的簡單款錢包。
以同樣的紙型，變換布料、皮革或是皮革混搭布料的組合，
就能夠搭配出各種可能性，希望大家能隨興地嘗試看看。

首先，試作看看你的原創錢包吧！
組合自己喜歡的顏色、花樣、觸感的布料及皮革，設計出好用的款式。
使用後發現不合用的地方，只要修改就可以解決，
用了一段時間後，如果錢包變舊了，再製作新的就OK！
也可以發揮創意，試著幫重要的人製作錢包，
因為，對每個人來説，錢包是每天都要使用，不可或缺的重要物品呢！

越膳夕香

CONTENTS

MINI COIN CASE

HOW TO MAKE

以皮革＆布料
製作的錢包

COIN CASE

介紹所有設計的零錢包
從標準款到懷舊款、不用縫製就可以完成的簡易款式、
手縫製作款、適合布料的獨特設計……

1

盒型零錢包

輕巧的四方形,是永遠不敗的基本款。
使用布料時,將壓釦以布料包覆,增添玩心。

how to → P.37至P.38.P.46至P.47

A

C

B

E

D

開展式零錢包

單手好拿，收起來是這樣的形狀。
打開四合釦展開變成1片。

how to → P.48

2

A

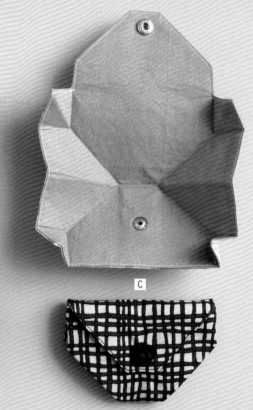

C

B

3

雙袋口零錢包

具有可以承接零錢的空間，
最大的特色是容易看得見零錢，拿取也很方便。

how to → P.49

A

B

A

4

三角零錢包

將布摺疊成平行四邊形的簡單構造,
可愛的特殊造型零錢包。

how to → P.50

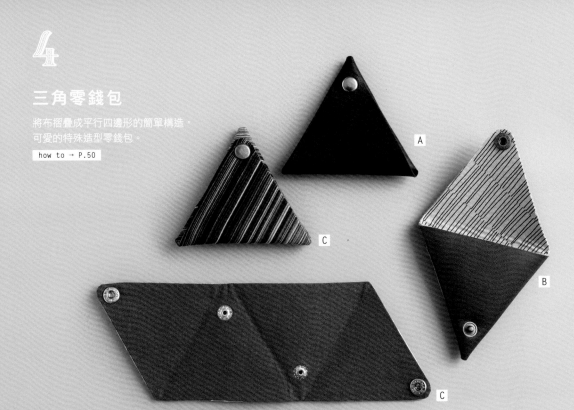

A

C

B

C

四角零錢包

大小兩片的正方形,
只以四合釦固定就完成。
從四個邊都可以取出。

how to → P.51

5

B

B

A

A b

A a

A c

B

6

拉鍊式零錢包

將拉鍊縫在各種形狀的不同位置上，
若以手縫製作，線條也會成為設計的重點。

how to → P.51至P.54

C

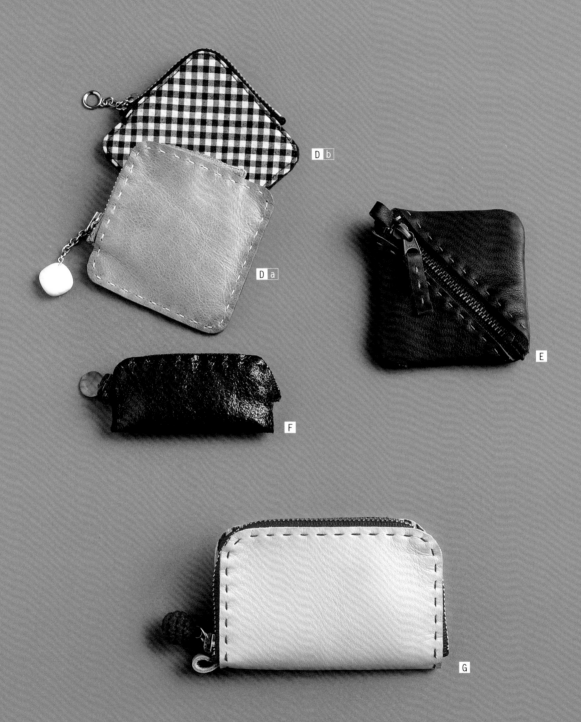

D b

D a

E

F

G

7

三角口金零錢包

以三角口金（御飯糰口金）製作，
像帳篷一樣的可愛零錢包。
打開磁釦後往上滑動，
就能開啟三角口金。

how to → P.54至P.55

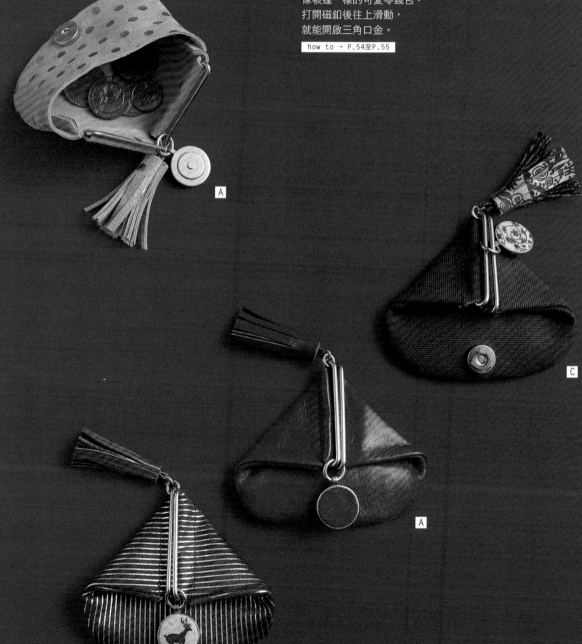

A

8

口金零錢包

挺立的梯形形狀,
加上時尚感十足的口金。
搭配不同材料,
選擇適合的口金顏色吧!

how to → P.56

B

9

彈片夾零錢包

單手可以開關,
好用的人氣彈片夾。
組合兩種種類素材,
作出不同設計。

how to → P.57

A

B

B

10

C

A

B

硬幣袋造型零錢包

圓底的小袋子。
使用與鐵鍊連接的圓環將袋口束起。
how to → P.58至P.59

11

A

B

束口零錢包

用力拉緊就完成美麗的
抓褶式圓底束口零錢包。
how to → P.60

貝殼造型零錢包

使用有彈性的材料作為中間的芯，
按壓兩邊，上方袋口會呈現嘴巴張開的樣子。

how to → P.61

13

摺紙式零錢包

如同扁平的摺紙形狀，
打開後，盒子會豎立起來。

how to → P.63

A

B

附隔間
開展式零錢包

與開展式零錢包（P.6）同款式
增加隔間，以鉚釘固定。

how to → P.61至P.62

14

15

風琴褶零錢包

兩脇邊以鉚釘固定，作成三層隔間。
內側再附上袋蓋。

how to → P.39至P.40・P.62

A

B

A

B

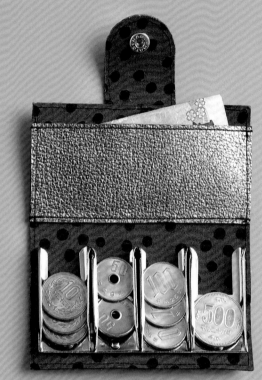

A

16

附隔間口金零錢包

印章大小尺寸的零錢包加上隔間後，
變身成能夠分類的小零錢包。

how to → P.68

17

硬幣分類夾零錢包

使用硬幣分類專用的金屬配件。
再裝上可以放入摺四褶紙鈔的內側口袋。

how to → P.64至P.65

B

WALLET

從與零錢包併用的紙鈔夾，
到有很多口袋，可以放入零錢、
卡片及紙鈔的all in one長夾
以及對摺式錢包。

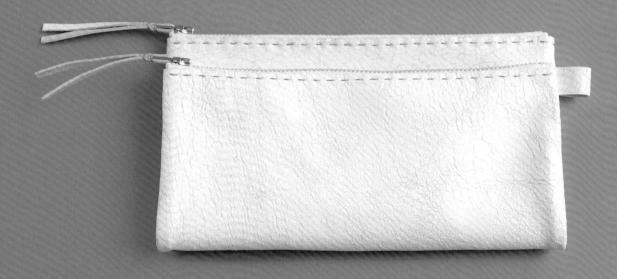

SUBITEM

18

拉鍊式子母錢包

在縫合成筒狀皮革的上與下袋口，裝上拉鍊，
對摺後以四合釦固定。
當作個別的口袋使用，
也可以將零錢包藏在兩個口袋之間。

how to → P.69至P.70

A

SUBITEM A

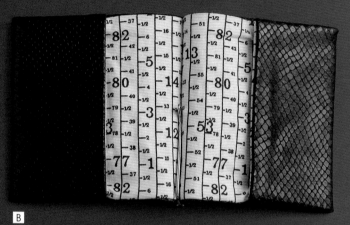

B

19

紙鈔夾

內側的勾子用來夾紙鈔，
口袋也可以放入卡片。
以相同的布料或皮革製作成組的零錢包。

how to → P.66至P.67

SUBITEM B

SUBITEM C

C

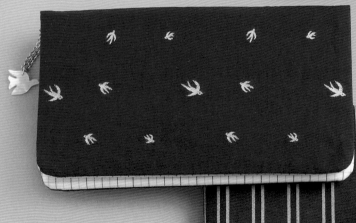

20

信封式長夾

可以放入存摺及紙鈔尺寸的無隔間長夾。
製作簡單或使用方便的基本款式。

how to → P.70至P.71

SUBITEM C

B

A

SUBITEM A

21

存摺包

打開後,兩脇邊製作口袋。
裝上拉鍊可以放入硬幣。
加上隔間則變成卡片夾。

how to → P.72至P.73

簡單型長夾

除了紙鈔袋及附拉鍊的零錢包，
還有能收納12張卡片的卡片夾，
使用起來順手的基本款長夾。
花樣有上下方向的布料，在背面加上口袋，非常實用。

how to → P.74至P.75

A

B

A

B

23 口金長夾

高人氣的口金長夾款式。
袋中有附拉鍊式的零錢包及多隔間款式，兩種設計。
依照自己的喜好，選擇好用的款式。

how to → P.41至P.44．P.76至P.77

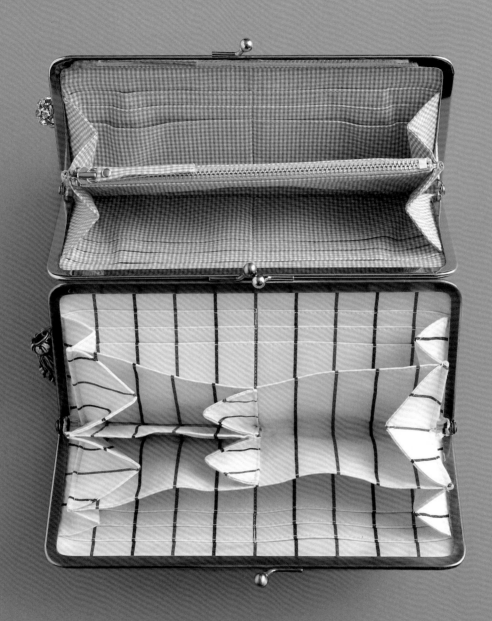

SUBITEM

24

圓邊拉鍊式長夾

將拉鍊手縫於皮革上，縫線也成為設計的一部分。
使用與皮革不一樣顏色的縫線，提高吸睛度。
袋內是拉鍊式零錢包，
也可以製作成組的零錢包。

how to → P.78至P.79

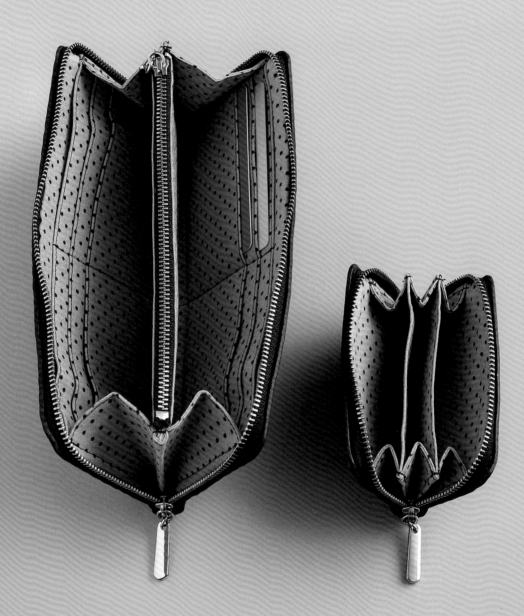

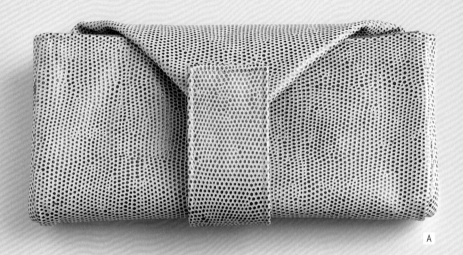

A

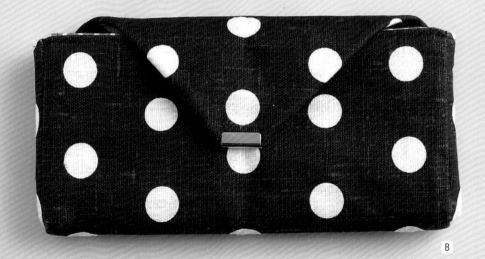

B

25 摺紙式三角袋蓋錢包

將零錢包拉大，令人愛不釋手的原因是容易看見及拿出。
有紙鈔袋及卡片夾。
袋蓋有釦帶固定及四合釦固定款式兩種類型。
是皮革製品經常見到的款式，也可以使用布料製作。

how to → P.80至P.82

A

B

26 對摺式短夾

想用零錢時，不須打開錢包就能使用的款式。
卡片夾的作法與P.20至P.27的長夾重點相同。
零錢包的部分是P.4至P.13所介紹的內容。
搭配喜歡的組合，作出適合自己方便使用的款式吧！

how to → P.44至P.45・P.82至P.83

C

D

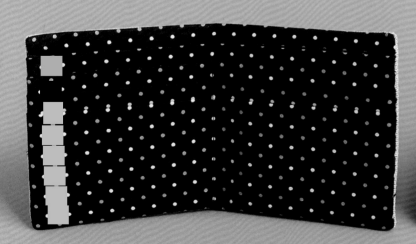

27 三摺式錢包

想攜帶輕巧的錢包時，
附上鍊子，放入包包或褲子口袋。
零錢包可以選擇要作在錢包的內側或外側。
另外，縫合的方向也可以客製化。
在此，零錢包是以相同花色的布料製作。
組合不同花色的設計也很不錯。

how to → P.84至P.85

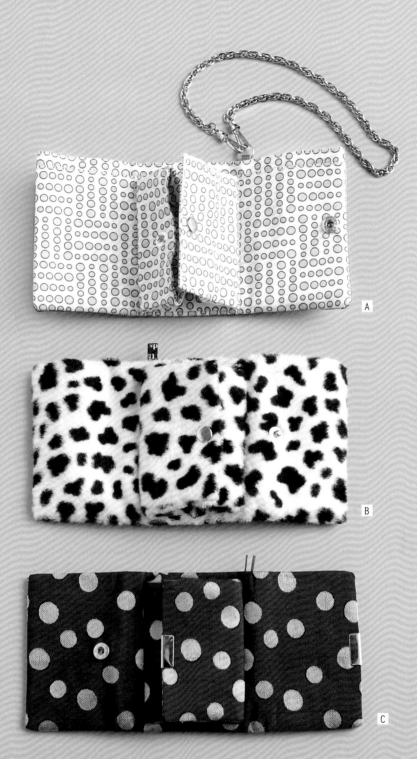

A

B

C

MINI COIN CASE

完成尺寸約3.5至4cm的
小小可愛零錢包。
加上鍊子，包包的提把等，
也能作成垂吊的款式。

28

小不點零錢包

即使是迷你尺寸，
還是可以放得下硬幣。
拉鍊或壓釦、
口金、彈片夾等即使變小，
仍保留錢包原有的樣子。

how to → P.86至P.88

盒型 A

彈片夾零錢包 A

口金零錢包 B

盒型 C

口金零錢包 A

盒型 B

口金零錢包 B

馬卡龍

彈片夾零錢包 B

HOW TO MAKE

作法

○開始製作作品前，請先瀏覽P.34至P.45基本的材料及經常使用的工具，確
　認關於作業時的注意事項。
○選擇皮革時，請參考各作品材料所刊載的種類及厚度，選擇布料時，作為
　材質及種類的參考。
○作品的完成尺寸，大約的數值以「橫×直」或是「橫×直×側身寬」標
　示。材料的皮革與布料，布襯的尺寸「橫×直」的長度以cm標示，金屬零
　件也是依種類以cm或mm標式。另外，作法的圖面尺寸是cm。
○金屬零件的末端附上的星形標記為廠商標示，★＝角田商店，☆＝藤久。
○原寸紙型請參考作品號碼及需要的部位，收錄在書本末頁及附錄紙型。
　將需要的部位，正確地複寫在像牛皮紙一樣透薄的紙張上。
　「摺雙」的部分，盡量製作展開狀態紙型。
　別忘了合印記號與壓釦位置、開口止縫處。釦絆、拉鍊頭裝飾等沒有紙型
　的部位，請依圖所示的尺寸裁剪。
　—·—·—　是山摺線，——— ——— 是谷摺線。
○同一類型的作品，作法只有說明重點部分，或是也有省略的情況。
　請參考類似作品的作法介紹頁面。

基本材料‧工具

皮革

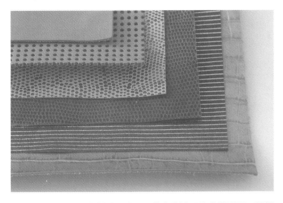

依縫紉方式不同，皮革的厚度及硬度也有適不適合的問題，選擇時要注意。豬皮較薄且柔軟，是較適合家庭用縫紉機的材質，厚度請參考皮革作品的材料。
- 單片背面相對縫合時…厚度在1.1至1.3mm左右，稍微有硬度也沒關係。
- 縫合雙片時…厚度在0.5至0.7mm左右，使用柔軟材質會比較好縫製。

熨斗燙貼膠襯

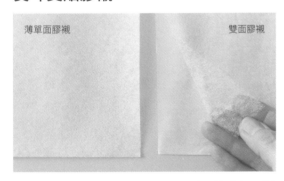

薄單面膠襯　　　　　　　　雙面膠襯

本書使用單面膠襯（不織布款）及雙面膠襯（蜘蛛網款）。燙貼時，以乾式熨斗採按壓方式，不要滑動，慢慢地移動位置進行貼合。

布

本書主要使用棉及麻布，依作品不同，也有使用和服及腰帶材質。長夾及對摺式錢包的卡片夾與紙鈔夾等，重疊製作的部位，盡量選用質地薄，不需要對齊圖案的素色或圖案小巧的材質。

線

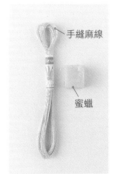

手縫麻線

蜜蠟

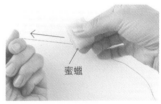

本書中，皮革手縫主要使用手縫麻線。為了防止與皮革的斷面產生磨擦造成斷線，先上蜜蠟後再使用。

ORIZURU手縫麻線／KANAGAWA

蜜蠟

車縫線使用，適合皮革、布料，堅固且光滑的聚酯纖維車縫線。
schappeSpun車縫線‧
一般材質用（60號）／FUJIX

針

本書中在手縫皮革時，使用將美利堅針尖端以砂紙磨圓的針。
這是為了防止傷害皮革的表面，以及縫上的線斷裂。針尖使用非尖頭的十字繡針或是較細的綴針也可以。

車縫針是搭配縫紉機的機種來選擇。而粗細是依皮革及布料的厚度來選擇。本書使用11號及14號。

四合釦・鉚釘

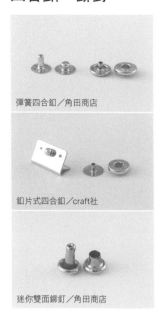

彈簧四合釦／角田商店

釦片式四合釦／craft社

迷你雙面鉚釘／角田商店

本書的四合釦使用彈簧四合釦、釦片式四合釦、迷你雙面鉚釘。

●紙型上方四合釦位置只是參考。依使用的皮革及布的厚度不同，也有需要作些微調整的情況，在打洞前請務必確認好位置。特別是長夾及摺疊式錢包，要實際放入紙鈔及卡片作確認。

●覺得會產生壓紋時，在裝上四合釦後，先將皮革邊或布襯裁切成圓形貼在背面。

拉鍊

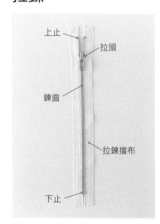

上止

拉頭

鍊齒

拉鍊擋布

下止

本書使用3號金屬拉鍊。材料處所刊載的長度指的是，上止的邊到下止的邊，若長度要變短時，使用斜口鉗及平口鉗調整。（參考P.41-②）。手工材料行也有可以幫忙加工的地方。

吊飾・拉鍊頭裝飾

吊飾

拉鍊裝飾

●使用附圓形環的口金作品，加上與外側花色及圖樣相合的裝飾，更添加原創的手作風味。

●將拉鍊頭把手卸下，加上圓形環，在組合喜歡的拉鍊裝飾也可以。裝上市售的拉鍊裝飾，或是也可以更換成自己喜歡的拉鍊頭裝飾。請向手工材料店詢問。

床面（皮革表面）處理劑

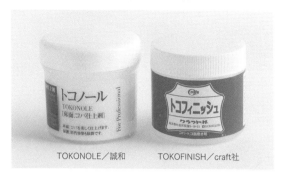

TOKONOLE／誠和　　TOKOFINISH／craft社

「床面」指的是皮革的背面，「コバ（Koba）」指的是裁切邊。以單片皮革完成的作品，塗上表面處理劑後，能使抑止表面及裁切邊的起毛，讓完成的作品能呈現平滑表面。

防布邊脫線膠

防布邊脫線膠 pique／KAWAGUCHI

使用於防止布邊脫線。若在意裁切布料的作品會產生脫線，可以使用。
本書使用KAWAGUCH pique，是透明的液體，易乾，乾燥後不會變硬。

間距規・畫線器

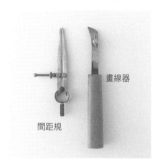

畫線器

間距規

皮革畫線工具。皮革手縫作品在縫製作品前要先打洞，在那之前先使用間距規或畫線器從邊緣起算內側3mm處畫線（參考P.37-①）若沒有工具，可以使用四方量尺及錐子畫線。

菱斬

2孔菱斬　　4孔菱斬

等距離的打洞工具。本書使用間距4mm的菱斬。圖中有2孔及4孔，2孔用於弧線處。若沒有菱斬，可以使用四方量尺及錐子打洞。

漂亮收尾的技巧

貼合

貼合相同材料時，先粗裁大一圈的尺寸，貼合後再依照紙型大小裁切，就能作出美麗的成品。

使用雙面膠襯

膠襯　　皮革（正面）

- 皮革＋布料…布料貼上膠襯後，撕下離型紙，與皮革重疊，以熨斗燙壓貼合。
- 布料＋布料…薄布料貼上膠襯後，撕下離型紙， 與厚布重疊，以熨斗燙壓貼合。

使用接著劑

- 完全貼合時…使用上述的雙面膠襯雖然簡便，薄布料以外的材質，也可以使用接著劑。將粗裁較厚的材質以刮刀均一地塗上薄薄一層的接著劑。重疊貼合後按壓，乾燥後再依紙型裁切。
- 只貼合外圍時…在外側材料的背面，塗上外圍寬約5mm的接著劑，外側與內側的材料重疊，在完成時一邊作摺痕，一邊貼合。外側與內側的布差出現後，剪掉內側多餘的部分。

本書使用水性易延展，乾燥後呈半透明，craft社的皮革接著劑-塞比諾魯。塞比諾魯100 與一般的木工用或手工藝用的接著劑一樣，除了接合材料外，也可以使用在防止裁切面脫線及線頭線尾的處理等廣泛的應用。高濃度的600推薦使用於需要更高強度的金屬配件的黏合。

塞比諾魯100・600、三角刮刀
／craft社

回針縫

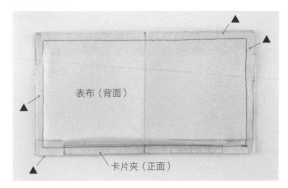

表布（背面）

卡片夾（正面）

- 長夾及摺疊式錢包，表布與卡片夾（紙鈔袋）進行回針縫時，內外的材料正面相對後周圍（圖中的▲）以接著劑貼合。內外多餘部分，不要抓褶，以錐子按壓縫合
- 請務必考慮材料的厚度後再縫合。「縫份留1cm，在0.8cm處縫合，翻回正面時剛剛好」若依此原則製作更佳。
- 返口以「回針縫→平針縫→回針縫」的方式縫製，縫份以熨斗燙平後，解開平針縫的縫線會留下痕跡，變得容易縫合。縫合時依照材料的狀況選擇「藏針縫」、「以接著劑貼合」或「以雙面膠貼合」的方式製作。

減少縫份厚度

卡片夾

皮革與布料重疊，縫份變厚時，可以剪下縫份的一部分或邊角，或是省略縫份的布襯。上方的卡片夾兩端非直線也是這個原因。
回針縫時，要讓邊角更漂亮，留下邊角縫份0.2cm後，作45度角的裁剪。

其他重點

- 合印記號…正確的複寫紙型，正確地相合。務必要作左右中心的記號。
- 壓摺線…貼上需要膠襯的東西，為了好摺，以刮刀描出摺線。在以熨斗燙出摺痕。
- 車縫…始縫及止縫處務必要進行回針縫。縫合時先以熨斗燙出縫線。
- 邊縫…縫合的寬度，對摺時的「摺雙」為1至2mm，很多片重疊時為3至5mm。

以基礎技巧製作的No.1、No.15、No.23、No.26。更換成簡易的材料，以圖片示範説明作法的步驟。

盒型零錢包
（與No.1-A同款）

單片皮革組合成盒子形狀，簡單的設計重點在於四合釦及手縫工法。
正確地作上記號，可以讓後續的作業更加順暢。

P.4

皮革 〔成品尺寸：8×7cm〕

需要的部位 紙型：P.89

材料

外皮革・補強片（牛皮厚1.2mm）：16×20cm

四合釦：直徑8.8mm1組 麻線：適量

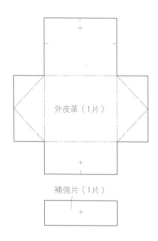

外皮革（1片）

補強片（1片）

準備 裁切外皮革

❶將粗裁好的外皮革重疊上紙型，以錐子描出輪廓。

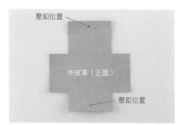

壓釦位置

外皮革（正面）

壓釦位置

❷依輪廓線作裁切。四合釦的位置也以錐子作上記號。

準備 處理外皮革的表面與裁切邊

外皮革（背面）

❶以指尖取一些表面處理劑（參考P.35），在皮革表面薄薄地塗開。再使用邊布，慢慢地擦塗整個面。

外皮革（背面）

❷與①相同重點，在裁切邊也擦塗上表面處理劑。

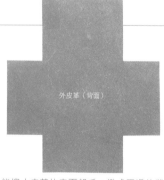

外皮革（背面）

能抑止皮革的表面起毛，變成平滑的狀態。

作法 1 作記號

外皮革（正面）

0.3cm

自外皮革的表面邊緣往內側0.3cm處，使用錐子（圖示為間距規。參考P.35）畫縫線。

作法 2 貼上補強片

補強片（正面）

外皮革（背面）

在外皮革袋蓋背面，以接著劑貼上補強片。

使用菱斬（間距4mm），自外皮革表面沿著縫線打洞。

沿著縫線，打好洞的樣子。

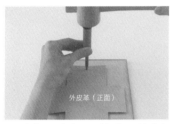

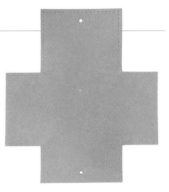

將外皮革正面朝上，四合釦位置垂直放上雞眼釦斬，以木槌打洞。

四合釦位置打好洞的樣子。

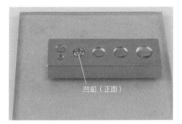  

❶將四合釦的凹釦（正面）放在環狀台上。

❷外皮革袋蓋朝下，將凹釦（正面）的前端插入洞中。

❸在皮革洞口突出的凹釦（正面）前端，放上凹釦（背面）。

5

❹凹釦（背面）與釦斬垂直，以木槌敲打固定。

❺與①至④相同作法，也裝上四合釦的凸釦（背面）。放在環狀台的背面，外皮革正面朝上，前端插入洞裡。

❻在皮革洞口突出的凸釦（背面）前端，放上凸釦（正面）。

5

❼凸釦（正面）垂直地放上釦斬，以木槌敲打固定。

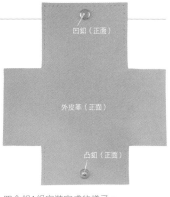

凹釦（正面）

外皮革（正面）

凸釦（正面）

四合釦1組安裝完成的樣子。

作法 6 貼合脇邊

貼合

外皮革（正面）

脇邊4處的背面塗上接著劑，相鄰的兩邊背面相對貼合。

作法 7 重新打洞

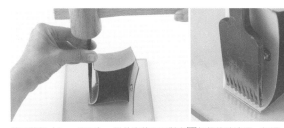

使用菱斬（4mm間距），從外皮革正面對齊③打好的脇邊洞，打洞。

作法 8 縫合脇邊

❶將針穿麻線，打結。從底側脇邊內側入針，皮革邊緣以捲2針方式縫合。

8

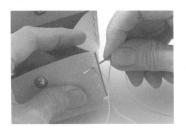

❷以平針縫縫至包口側，止縫處也在皮革邊緣捲2針。線尾收線後塗上接著劑，為了藏住脇邊的縫線，將線往內拉後剪掉。

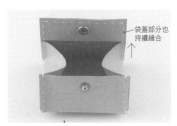

袋蓋部分也持續縫合

❸袋蓋的脇側，自底側開始持續縫出ㄇ字型，。

完成

風琴褶零錢包
（與No.15-B同款）

摺疊與布貼合的外皮革脇邊，隔間以鉚釘固定的簡單款式。外側也使用布料，變化顏色及圖樣，搭配組合也很簡單。

P.14

皮革＋布料 〔成品尺寸：9.5×6×3cm〕

需要的部位
紙型：P.95

材料

外皮革・外隔間（豬皮厚1mm）：30×20cm

裡布・內隔間（棉・格紋）：30×20cm

雙面膠襯：30×20cm

四合釦：直徑9.8mm 2組

迷你雙面鉚釘：4組

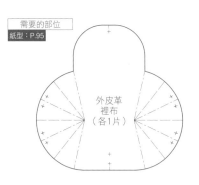

外皮革
裡布
（各1片）

外隔間
內隔間
（各1片）

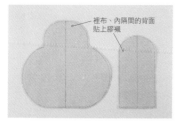

❶粗裁雙面膠襯，比紙型尺寸大0.2至
0.3cm。裡布、內隔間的背面貼上膠
襯，沿著輪廓裁切。

裡布、內隔間的背面
貼上膠襯

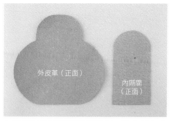

❷撕下①的雙面膠襯離型紙，貼合裡布與
外皮革、內隔間及外隔間，依紙型裁
切。

外皮革（正面）

內隔間
（正面）

四合釦、鉚釘的位置以錐子作記號。

外皮革（正面）

外隔間
（正面）

→P.38- 4 至 5

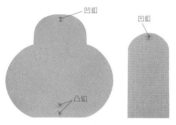

凹釦

凹釦

凸釦

在外皮革及隔間裝上兩組四合釦。

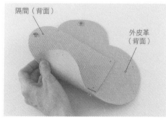

隔間（背面）

外皮革
（背面）

❶在鉚釘位置上打洞（參考P.38-4）。
外皮革相鄰的2點背面相對，夾住加隔
間的位置。

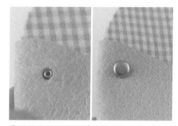

❷從外皮革的背面插入鉚釘的凸釦，放上
凹釦。

3

❸凹釦垂直放上釦斬，以木槌搥打固定。

鉚釘固定好的樣子。

3

隔間的
下側

❹彎曲隔間的下側，依①至③的重點，夾
住外皮革的前側打釦位置，以鉚釘固
定。

完成

口金長夾

（與No.23-A同款）

P.22

口金的嵌入法是必學的基本技巧，卡片夾的作法及拉鍊縫法，本篇集合了各種作法的設計，可應用的範圍十分廣泛。

布料＋布料　〔成品尺寸：21×10cm〕

需要的部位　紙型：P.92、紙型B面

材料

表布（棉・8號帆布）：24×21cm

卡片夾・拉鍊袋・隔間（棉・被單布）：42×78cm

薄膠襯（不織布）：42×78cm

雙面膠襯：20×10cm

再生紙：22×21cm

拉鍊：20cm 1條

口金：21.5×9.5cm（N）1個（☆）

紙繩：適量

準備

表布依紙型大小，再生紙比紙型小2mm，裁切。

卡片夾・拉鍊袋背面貼上薄膠襯，側身在兩片的背面貼上雙面膠襯，依紙型大小裁切。

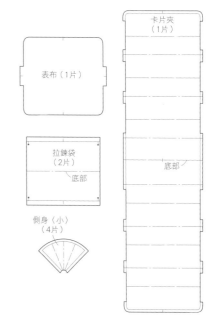

卡片夾
（1片）

表布（1片）

拉鍊袋
（2片）
底部

底部

側身〈小〉
（4片）

作法 1　製作卡片夾

卡片夾（背面）

❶卡片夾的背面貼上膠襯後裁切好的樣子。兩脇邊的線呈凹凸狀，是為了在摺疊卡片夾時，減少縫份的厚度。

❷量尺對齊摺線，再以刮刀描出，使摺線更好摺。

1

車縫布邊

車縫

❸依摺線摺疊，以熨斗燙壓，卡片夾開口各自車縫布邊。

❹車縫中央的隔間。

作法 2

調整拉鍊長度，處理邊端。

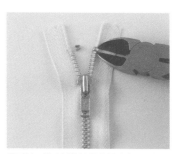

❶以斜口鉗尖端將拉鍊前擋片金屬挑起鬆開後卸下。

 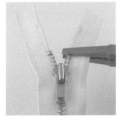 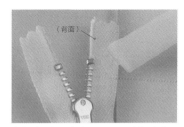

❷調整到成品的長度（這裡是18cm），鍊齒以斜口鉗剪下。讓鍊齒間呈開口狀，彎曲拉鍊擋布，壓住鍊齒可以方便作業。在剪的時候，鍊齒會飛濺，請務必以手壓住。

❸嵌回前擋片金屬，以平口鉗壓合固定。

❹拉鍊擋布的邊端留1.5cm，以鋸齒剪刀裁剪。拉鍊翻到背面，前擋片金屬脇邊的擋布，以直角等邊三角形狀塗上接著劑。

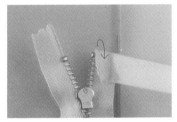 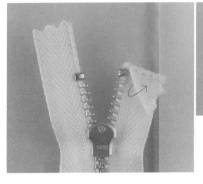

❺由拉鍊擋布的邊緣，從前擋片處摺直角，整體以四角形方式塗上接著劑。

❻鍊齒側的角度斜摺，以夾子夾住後，等待接著劑乾燥。

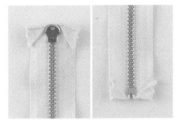

❼剩下的3個地方，也是依❹至❻的重點來處理。

作法 3 拉鍊袋加上拉鍊

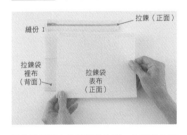

縫份Ⅰ｜拉鍊（正面）
拉鍊袋裡布（背面）｜拉鍊袋表布（正面）

❶拉鍊袋裡布的縫份往內摺，在單邊的縫份上，將拉鍊擋布以接著劑（或是雙面膠、粗縫線等）暫時固定。

拉鍊袋表布（正面）

❷拉鍊袋表布背面相對，同樣地將擋布暫時固定。

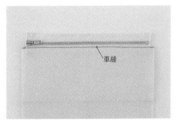

車縫

❸將縫紉機的壓布腳換成拉鍊壓布腳，縫合拉鍊袋袋口。

底部摺雙線

❹袋身對摺後，拉鍊擋片的另一側也是依❶至❸相同重點製作。

作法 4 卡片夾接上拉鍊袋

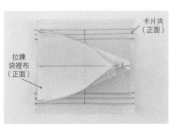

卡片夾（正面）
拉鍊袋裡布（正面）

打開拉鍊口袋的拉鍊。卡片夾與拉鍊口袋的底部重疊相合，車縫底部。

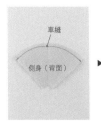

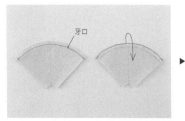

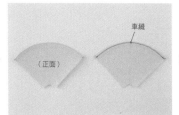

❶取貼襯的1片及不貼襯的1片，正面相對，縫合彎弧處。

❷彎弧處的縫份剪牙口後倒向，以熨斗輕壓。因為貼了膠襯，注意只要按壓縫份就可以。

❸翻回正面，以熨斗壓合，彎弧處車縫布邊。

❹依紙型的摺線記號摺疊，以熨斗燙壓。再製作另一片相同的側身。

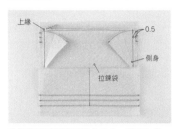

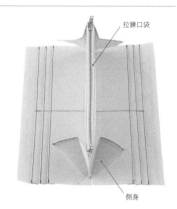

拉鍊袋的兩脇邊以側身夾住。對齊上緣，以接著劑暫時固定，以0.5cm左右的寬度縫合。

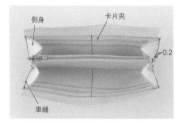

卡片夾的脇邊與側身的脇邊重疊，對齊布邊車縫。約0.2cm能藏住口金的寬度，縫合4個地方。

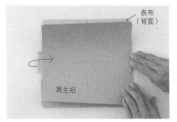

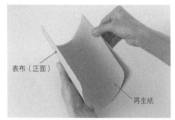

❶表布的背面周圍塗上寬約0.5cm左右的接著劑，對齊表布與再生紙的底部重疊。摺表布的摺份，將再生紙包覆起來，以接著劑貼合。

❷底部摺出摺痕，對齊表布與再生紙的開口與脇邊貼合。

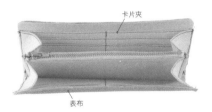

表布背面的周圍塗上寬約0.5cm的接著劑，卡片夾背面相對，重疊底部後貼合。開口側的邊緣突出表布時，裁切多餘部分。

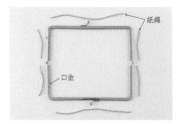

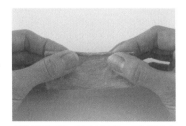

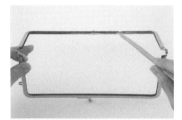

❶紙繩裁成口金長邊份2條，短邊份4條。

❷將紙繩展開，再重新捲好，可以更貼合口金的溝槽，讓紙繩固定。

❸口金溝槽上塗上接著劑。均等地塗於裡布接觸面與直線、邊角處。

完成

❹嵌入口金。兩脇邊中心處對齊口金的鉚釘，保
留摺痕，與脇邊、開口側嵌合。紙繩以鉗子壓
入時，注意不要塞到溝槽的太內側。

對摺式短夾

（附盒型零錢包 與No.26-D同款）

布料重疊後以回針縫完成的對摺式短夾。仔細地製作返口及
邊角，成品會更俐落。零錢包接於表布時，只縫三邊，這裡
也是一個口袋。

P.29

布料＋布料 〔成品尺寸：10×10cm〕

材料

表布・零錢包表布（棉・11號帆布）：23×31cm
卡片夾・紙鈔夾・
零錢包裡布（棉・被單布）：44×61cm
薄膠襯（不織布）：44×65cm
釦片式四合釦：寬18mm 1組

準備

表布・卡片夾・紙鈔夾・零錢包表布・零錢包裡布背面貼上
膠襯，依紙型裁切。

需要的部位　紙型：P.89、紙型B面

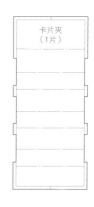

[零錢包]

表布
裡布
（各1片）

作法 **1** 製作卡片夾
→P.41-參考 ①

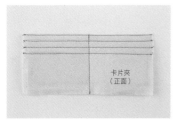

依摺線的記號摺疊，袋口各自車縫布邊。
也車縫隔間。

作法 **2** 製作紙鈔夾

❶在卡片夾的背面，作上摺線及返口的記
號。量尺對齊摺線，以刮刀描線。

❷依摺線摺疊，以熨斗燙壓。

2

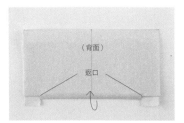

❸返口的兩脇邊縫份剪牙口，往背面側摺。

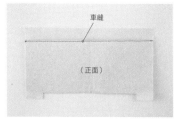

❹袋口車縫布邊。

作法 3 口袋與表布縫合

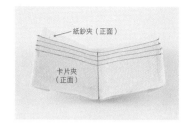

❶紙鈔夾重疊卡片夾後，對齊中央，輕輕地對摺後，以接著劑貼合兩脇邊。
內外的布差，會讓卡片夾稍微浮起。

3

❷①與表布正面相對，避開返口不縫合，周圍車縫一圈。

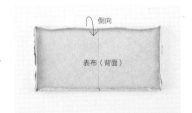

❸邊角的縫份留0.2cm後裁切（參考P.36）。縫份向表布側倒向，以熨斗燙壓。

❹將手放入返口，重疊縫份的邊角，一邊壓合，翻回正面。

3

❺邊角以錐子深深地刺入，將內部的縫份往上提，拉出角。
以熨斗整燙整體的形狀。

作法 4 製作零錢包

與P.46-B相同重點製作零錢包，裝上四合釦。與P.38-⑤相同重點裝上凹釦。
袋蓋的邊緣嵌入凸釦，以鉗子將紙鈔夾緊緊地固定。

作法 5 表布裝上零錢包

表布的正面，將對摺時的單面與零錢包重疊，兩脇邊與底部縫合。

完成

No.1　盒型零錢包　P.4

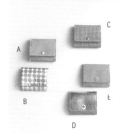

雖然是相同的尺寸，分成單片成型及外加側身兩種款式。
若是厚度較厚，或是硬質材料時，比較適合外加側身的款式。

A　皮革　〔成品尺寸：8×7cm〕

【材料】
外皮革・補強片（牛皮 厚1.2mm）：16×20cm
四合釦：直徑8.8mm 1組
麻線：適量

【作法】 →參考P.37

| A　需要的部位 |
紙型：P.89

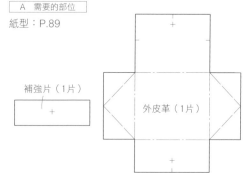

補強片（1片）

外皮革（1片）

B　布料＋布料　〔成品尺寸：8×7cm〕

【材料】
表布（棉・印花布）：18×19cm
裡布（棉・印花布）：18×19cm
薄膠襯（不織布）：35×19cm
釦片式四合釦：寬18mm 1組

【準備】 表布、裡布背面貼上膠襯，依紙型裁切。

【作法】
❶表布的脇邊正面相對後進行車縫。與裡布相同方式製作。
❷表布與裡布正面相對後，留返口，車縫周圍。
❸翻回正面，縫合返口。
❹裝上釦片式四合釦。
　（→參考P.38-⑤、參考P.45-④）。

| B　需要的部位 |
紙型：P.89

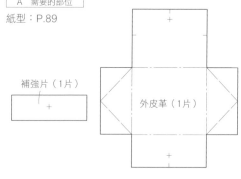

表布
裡布
（各1片）

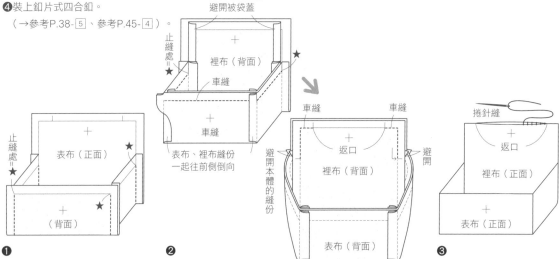

C　皮革　〔成品尺寸：8×7cm〕

材料

外皮革・補強片・側面（牛皮 厚1.3mm・打洞）：13×20cm
四合釦：直徑8.8mm1組
麻線：適量

準備

粗裁外皮革，在袋蓋處內側以接著劑黏合補強片，
依紙型大小裁切。

作法

❶外皮革與側面背面相對，脇邊及底部以接著劑貼合。
❷脇邊及底部，利用打洞處，以麻線手縫。（→參考D・E-③）。
❸裝上四合釦（→參考P.38-⑤）。

D　皮革＋布料　〔成品尺寸：8×7cm〕

材料

外皮革・外補強片・外側面（羊革 厚0.8mm）：13×20cm
裡布・內補強片・內側面（棉・印花布）：13×20cm
雙面膠襯：13×20cm
四合釦：直徑12.5mm 1組

E　布料＋布料　〔成品尺寸：8×7cm〕

材料

表布・外補強片・外側面（棉・11號帆布）：13×20cm
裡布・內補強片・內側面（棉・印花布）：13×20cm
雙面膠襯：13×20cm
四合釦：直徑12.5mm1組

準備 ※D、E

外皮革（表布）與裡布、外補強片與內補強片，
外側面與內側面貼合雙面膠襯，
依紙型裁切。E在布邊塗上防布邊脫線膠。

作法 ※D、E

❶以平針縫車縫外皮革（表布）的袋口，補強片的下緣，
　側面的上緣。
❷外皮革（表布）的袋蓋內側以接著劑貼合補強片。
❸外皮革（表布）與側面背面相對，以接著劑貼合脇邊及底部，
　一直縫到袋蓋處。
❹裝上四合釦（→參考P.38-⑤）。
　作成包釦時：以直徑20mm的打洞器打洞（或是裁成圓形）的裡布背面
　塗上接著劑，放在四合釦凹釦的頭上方，抓細褶包覆。

C・D・E
需要的部位

紙型：P.89

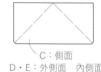

C：外皮革
D：外皮革
　裡布
E：表布
　裡布
（各1片）

C：補強片
D・E：外補強片　內補強片
（各1片）

C：側面
D・E：外側面　內側面
（各2片）

車縫布邊

外皮革
（外皮革）
（正面）

補強片（正面）

車縫布邊

側面
（正面）

車縫布邊

❶

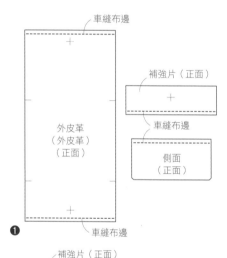

補強片（正面）

以接著劑貼合

外皮革（表布）
（背面）

❷

縫至袋蓋處

只有D・E

側面（正面）

C：手縫
D・E：車縫

❸

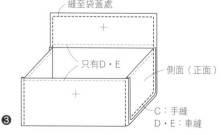

No.2 開展式零錢包

P.6

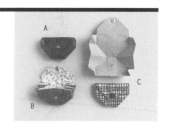

漂亮的收尾訣竅只有一個。摺出摺扇形狀，
確實地使用熨斗及槌子，就能夠作出俐落的摺線。

A 皮革 〔成品尺寸：9×6cm〕

材料

外皮革（牛皮 厚1.2mm）：15×18cm
四合釦：直徑8.8mm 1組

B 皮革＋布料 〔成品尺寸：9×6cm〕

材料

外皮革（牛皮 厚0.9mm）：15×18cm
裡布（棉・印花布）：15×18cm
雙面膠襯：15×18cm
四合釦：直徑8.8mm 1組

準備 ※A・B

A外皮革維持原樣，B以雙面膠襯貼合外皮革與裡布，依紙型裁切。

作法 ※A・B

❶依照紙型摺疊，以槌子敲出褶線。
❷裝上四合釦（→參考P.38-[5]）。

C 布料＋布料 〔成品尺寸：9×6cm〕

材料

表布（棉・印花布）：16×19cm
裡布（棉・印花布）：16×19cm
雙面膠襯：15×18cm
四合釦：直徑8.8mm 1組

準備 裡布背面貼上雙面膠襯。

作法

❶表布與裡布正面相對，留返口，縫合周圍。
❷翻回正面，整理形狀後，表布與裡布以熨斗燙壓貼合。
　周圍以平針縫方式車縫，也縫合返口。
❸依紙型摺疊，熨斗燙出摺線。（→參考B-①）。
❹裝上四合釦（→參考P.38-[5]）。
　作成包釦時：以直徑20mm的打洞器打洞（或是裁成圓
　形）的裡布背面塗上接著劑，放在四合釦凹釦的頭上
　方，抓細褶包覆。

A・B
需要的部位
紙型：P.89

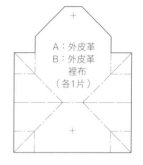

A：外皮革
B：外皮革
裡布
（各1片）

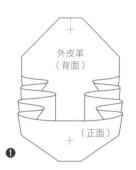

外皮革
（背面）

（正面）

❶

C 需要的部位
紙型：P.89

表布
裡布
（各1片）

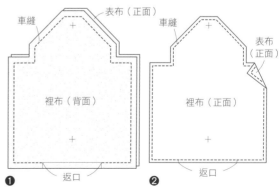

車縫　　表布（正面）　　　車縫
　　　　　　　　　　　　　　　表布
　　　　　　　　　　　　　　　（正面）

裡布（背面）　　　　裡布（正面）

返口　　　　　　　返口

❶　　　　　　　　❷

No.3 雙袋口零錢包 `P.6`

展開後是一片，只以一組四合釦固定，就可以作出這樣的形狀。
彎弧處多，使用皮革時要特別謹慎，正確的裁切。

A 皮革＋布料 〔成品尺寸：8×6.5cm〕

材料

外皮革（牛皮 厚1.2mm）：19×20cm
裡布（棉・印花布）：19×20cm
雙面膠襯：19×20cm
四合釦：直徑12.5mm 1組

準備

外皮革與裡布使用雙面膠襯貼合，依紙型裁切。

作法

摺出兩脇邊與上下邊，裝上四合釦（→參考P.38-5）。

需要的部位

紙型：A面

外皮革
裡布
（各1片）

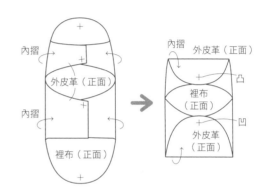

內摺　外皮革（正面）
內摺
外皮革（正面）
裡布（正面）
凸
裡布（正面）
凹
外皮革（正面）
裡布（正面）

B 布料＋布料 〔成品尺寸：8×6.5cm〕

材料

表布（棉・印花布）：20×21cm
裡布（軟丹寧布）：20×21cm
薄膠襯（不織布）：20×21cm
四合釦：直徑12.5mm 1組

準備

表布背面貼上膠襯，依紙型裁切。

作法

❶表布與裡布正面相對，留返口，縫合周圍。
　翻回正面，以熨斗整形，縫合返口。

❷摺出兩脇邊及上下的邊（→A），裝上四合釦（→參考P.38-5）。

需要的部位

紙型：A面

返口
表布
裡布
（各1片）

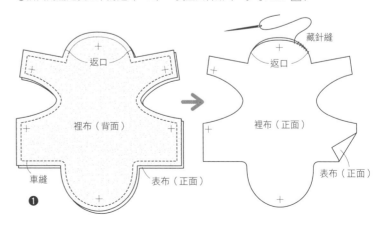

返口
裡布（背面）
車縫
表布（正面）
❶
藏針縫
返口
裡布（正面）
表布（正面）

No.4　三角零錢包  P.7

依材料的厚度，微調四合釦的位置。
先裝上凸釦，摺疊出摺痕後，以手決定凹釦位置。

A　皮革　〔成品尺寸：8×8cm〕

[材料]
外皮革（牛皮 厚1mm）：8×21cm
四合釦：直徑9.8mm 2組

A・B
需要的部位
紙型：P.94

A：外皮革
+B：外皮革
　裡布
（各1片）

B　皮革＋布料　〔成品尺寸：8×8cm〕

[材料]
外皮革（牛皮 厚1.1mm）：8×21cm
裡布（棉・印花布）：8×21cm
雙面膠襯：8×21cm
四合釦：直徑9.8mm 2組

[準備]　※A、B
外皮革維持原樣，B外皮革及裡布以雙面膠襯貼合，
依紙型裁切。

[作法]　※A、B
裝上四合釦（→參考P.38-5），依紙型摺疊。

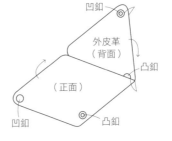

凹釦
外皮革
（背面）
凸釦
（正面）
凹釦
凸釦

C　布料＋布料　〔成品尺寸：8×8cm〕

[材料]
表布（薄棉・印花布）：9×22cm
裡布（棉・被單布）：9×22cm
雙面膠襯：8×21cm
四合釦：直徑9.8mm 2組

C　需要的部位
紙型：P.94

表布
（1片）

[準備]
表布與裡布對稱裁切，
裡布的背面貼上雙面膠襯。

[作法]
❶表布與裡布正面相對，
　留返口，縫合周圍。
❷翻回正面，整理形狀後，再以熨斗將
　表布與裡布貼合。
❸以藏針縫縫合返口，裝上四合釦（→
　參考P.38-5），依紙型摺疊。

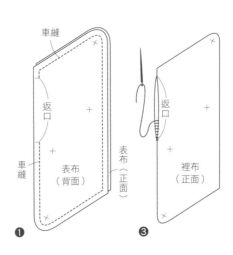

車縫
返口
車縫
表布（背面）
表布（正面）

返口
裡布（正面）

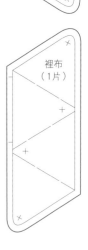

裡布
（1片）

❶
❸

No.5 四角零錢包

P.7

大小不同的正方形，使用不同的材料，內外隨性搭配。
可以試試不同的組合。

A 皮革 〔成品尺寸：7×7cm〕

〔材料〕
外皮革（牛皮 厚0.8mm）：18×11cm
四合釦：直徑9.8mm 4組

B 布料＋布料／皮革＋布料 〔成品尺寸：7×7cm〕

〔材料〕
表布（棉・木紋），或是外皮革（牛皮 厚0.7mm）
：18×11cm
裡布（棉・7號帆布），或是裡布（棉・印花布）
：18×11cm
雙面膠襯：18×11cm
四合釦：直徑9.8mm 4組

〔準備〕 ※A、B
A外皮革維持原樣，B將表布（外皮革）與裡布以雙面膠襯貼
合，依紙型裁切。

〔A・B 需要的部位〕
紙型：A面

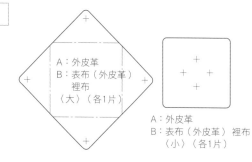

A：外皮革
B：表布（外皮革）
裡布
〈大〉（各1片）

A：外皮革
B：表布（外皮革）裡布
〈小〉（各1片）

〔作法〕 ※A、B
裝上四合釦（→參考P.38-⑤）、
依紙型摺疊。

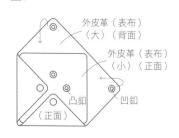

外皮革（表布）
〈大〉（背面）
外皮革（表布）
〈小〉（正面）
凸釦
凹釦
（正面）

No.6 拉鍊式零錢包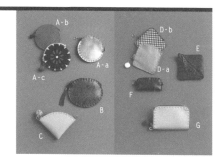

P.8-P.9

若好好處理拉鍊邊緣，之後的作業就會變得很輕鬆。
不擅長裝拉鍊的初學者，以手縫的方法製作尤佳。

A 圓形 〔成品尺寸：直徑8cm〕

〔材料〕
a 皮革
　外皮革（牛皮 厚0.8mm）：17×9cm
　拉鍊：10cm 1條
　麻線：適量
b 布料＋布料
　表布（棉・7號帆布）：17×9cm
　裡布（棉・印花布）：17×9cm
　雙面膠襯：17×9cm
　拉鍊：10cm 1條

〔需要的部位〕
紙型：P.90

a・b
a：外皮革
b：表布
裡布
（各2片）

c
表布
裡布
（各2片）

c 布料＋布料
　表布（棉・11號帆布・印花布）：20×10cm
　裡布（棉・被單布）：20×10cm
　薄膠襯（不織布）：20×10cm
　拉鍊：10cm 1條

作法

❶ 處理拉鍊的邊緣（→參考P.42-②④至⑦）。

❷ a＝外皮革的周圍打洞，手縫拉鍊。

　　b＝表布與裡布以雙面膠襯貼合，車縫拉鍊。

　　c＝表布的背面貼上薄膠襯。表布、裡布的縫份往內側摺，夾住拉鍊車縫。

❸ a＝對齊2片後手縫。　b＝對齊2片後車縫。　c＝對齊4片後車縫。

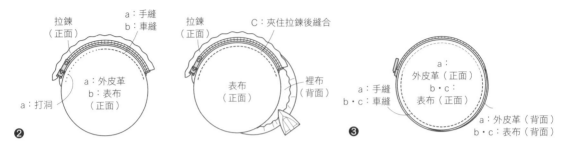

B	橢圓形（皮革）	〔成品尺寸：10×8cm〕

材料

外皮革（牛皮 厚1.3mm）：22×9cm

拉鍊：10cm 1條

麻線：適量

需要的部位

紙型：P.90

外皮革
（2片）

作法　→參考A-a

❶ 處理拉鍊邊緣。（→參考P.42-②④至⑦）。

❷ 外皮革周圍打洞，手縫拉鍊。

❸ 對齊2片，手縫。

C	扇形（皮革）	〔成品尺寸：8×8cm〕

材料

外皮革（牛皮 厚1.1mm）：16×9cm

拉鍊：10cm 1條

麻線：適量

外皮革
（1片）

釦絆
（2片）

4cm

0.7cm

需要的部位

紙型：P.90

※釦絆依圖所示尺寸裁切。

作法

❶ 處理拉鍊的邊緣（→參考P.42-②④至⑦）。

❷ 外皮革彎弧處打洞，手縫拉鍊。

❸ 將②正面相對，對摺。
　　車縫脇邊，翻回正面。

❹ 手縫釦絆。

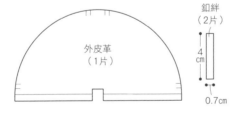

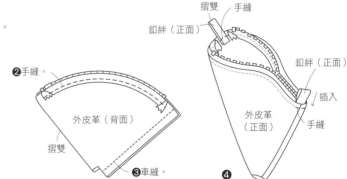

D | 脇邊開口正方形（皮革／布料＋布料）　〔成品尺寸：7.5×7.5cm〕

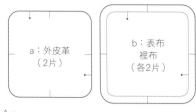

a：外皮革
（2片）

b：表布
裡布
（各2片）

材料

a（皮革）

外皮革（牛皮 厚0.6mm）：16×8cm

拉鍊：10cm 1條

麻線：適量

b（布料＋布料）

表布（棉・印花布）：18×9cm

裡布（棉・印花布）：18×9cm

薄膠襯（不織布）：18×9cm

拉鍊：10cm 1條

需要的部位

紙型：P.90

作法　→參考P.52-A a

❶處理拉鍊的邊緣（→參考P.42-② ④至⑦）。

❷a＝外皮革的周圍打洞，手縫拉鍊。

　b＝表布的背面貼上膠襯。

　表布、裡布的縫份往內側倒，夾住拉鍊車縫。

❸a＝對齊2片，手縫。

　b＝對齊4片，車縫。

F | 正方形對摺（皮革＋皮革）　〔成品尺寸：7.5×3.5cm〕

材料

外皮革（牛皮 厚0.9mm）：8×8cm

拉鍊：10cm 1條

麻線：適量

需要的部位

紙型：P.90

外皮革
（1片）

作法

❶處理拉鍊邊緣（→參考P.42-② ④至⑦）。

❷外皮革的周圍打洞。

❸以手縫縫合拉鍊口處。

❹外皮革背面相對對摺，手縫脇邊。

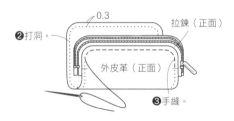

0.3

拉鍊（正面）

❷打洞。

外皮革（正面）

❸手縫。

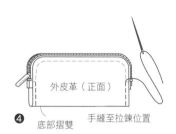

外皮革（正面）

❹

底部摺雙

手縫至拉鍊位置

G | 圓邊長方形（皮革＋布料）　〔成品尺寸：10×6.5cm〕

材料

外皮革・釦絆（牛皮 厚1mm）：11×15cm

裡布（棉・印花布）：11×14cm

雙面膠襯：11×14cm

拉鍊：20cm 1條

麻線：適量

需要的部位

紙型：P.92

※釦絆依圖所示尺寸裁切。

準備

外皮革與裡布以雙面膠襯貼合，依紙型裁切。

作法　→ 參考F

❶處理拉鍊邊緣（→參考P.42-② ④至⑦）。

❷外皮革的周邊打洞，以手縫縫合拉鍊。

❸以手縫縫合釦絆（→參考P52-C④）。

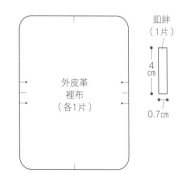

外皮革
裡布
（各1片）

釦絆
（1片）

4
cm

0.7cm

材料

外皮革・釦絆・拉鍊頭裝飾（牛皮 厚0.6mm）：20×10cm

拉鍊：10cm 1條

麻線：適量

需要的部位

紙型：P.90

※釦絆、拉鍊頭裝飾依圖所示的尺寸裁切。

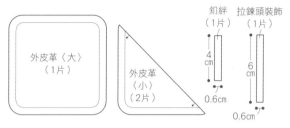

釦絆（1片）
4cm
0.6cm

拉鍊頭裝飾（1片）
6cm
0.6cm

外皮革〈大〉（1片）

外皮革〈小〉（2片）

作法

❶將拉鍊裁成8.5cm。（→參考P.41-2①至③）。

❷外皮革〈小〉上打洞，手縫拉鍊。

❸在②上與外皮革（大）正面相對，車縫周圍，翻回正面。

❹手縫釦絆、拉鍊頭裝飾。

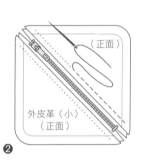

❷

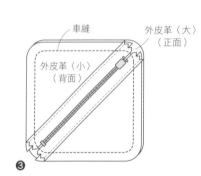

❸

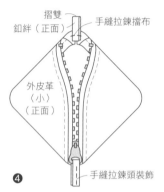

❹

No.7　三角口金零錢包　P.10

磁釦的裝飾板貼上共布或共皮革。

製作流蘇裝飾，或者加上其它裝飾、鍊子也可以。

A 皮革 〔成品尺寸：10×8cm〕

材料

外皮革・流蘇・吊飾帶（牛皮・金色圓點 厚1.1mm／紅色 厚0.6mm）：

26×12cm

三角口金（御飯糰口金）：5.5cm1組（★）

圓形環：7mm 1個

B 皮革＋布料 〔成品尺寸：10×8cm〕

材料

外皮革・流蘇（豬皮・厚0.6mm）：26×13cm

裡布（棉・印花布）：26×13cm

雙面膠襯：26×13cm

三角口金：5.5cm1組（★）

圓形環：7mm 1個

C 布料＋布料 〔成品尺寸：10×8cm〕

材料

表布（棉・7號帆布）：26×13cm
裡布・流蘇・吊飾帶（棉・印花布）：
26×13cm
雙面膠襯：26×13cm
三角口金：5.5cm 1組（★）
圓形環：7mm 1個

準備 ※A、B、C

A外皮革維持原樣，B·C外皮革（外皮革）
與裡布以雙面膠襯貼合，依紙型裁切。

作法 ※A、B、C

❶開口側摺疊縫合於縫線上。
❷外皮革（大）與外皮革（小）（表布〈大〉與表布〈小〉）正面相
　對後縫合周圍。
❸翻回正面，穿過口金後裝上磁釦。
❹磁釦凸釦的裝飾板正面上，以接著劑貼合直徑20mm的圓形外皮
　革（或是將直徑20mm的膠襯，貼在直徑30mm的裡布背面包覆釦
　子），製作流蘇裝上。

A・B・C 需要的部位

紙型：A面
※流蘇・吊飾帶請依圖所示裁切。

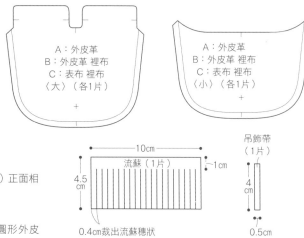

❶
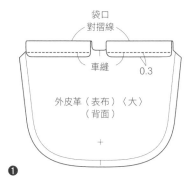

❷
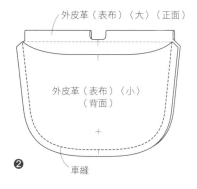

❸
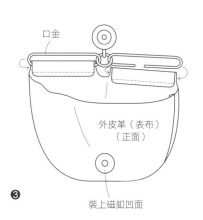

❹
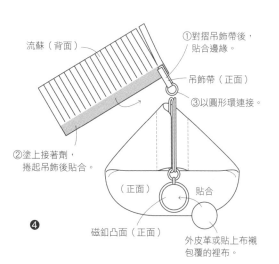

No.8　口金零錢包 P.11

手心大小的口金包，是最容易製作，也最好用的形狀。
加上裝飾品，更添原創色彩。

A　布料＋布料　〔成品尺寸：10×6×2cm〕

材料

表布（棉・印花布）：14×15cm
裡布（棉・印花布）：14×15cm
薄膠襯（不織布）：28×15cm
口金：7.6×3.8cm（F18）1個（★）
紙繩：適量

A・B
需要的部位

紙型：A面

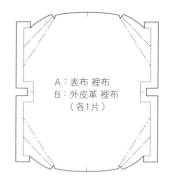

A：表布 裡布
B：外皮革 裡布
（各1片）

B　皮革＋布料　〔成品尺寸：10×6×2cm〕

材料

外皮革（牛皮0.6mm厚）：14×15cm
裡布（棉・印花布）：14×15cm
薄膠襯（不織布）：14×15cm
口金：7.6×3.8cm（F18）1個（★）
紙繩：適量

準備　※A、B

A表布與裡布、B裡布貼上膠襯，依紙型裁切。

作法　※A、B

❶表布（外皮革）正面相對後縫合兩脇邊，縫合側身。裡布也以
　相同方式製作。
❷摺出脇邊摺份，以接著劑貼合。
❸表布（外皮革）與裡布背面相對重疊，
　袋口處以接著劑貼合。
❹準備紙繩（→參考P.43-[10]）。
❺兩脇邊摺出摺痕，嵌入口金。
　（→參考P.43-[10]）。

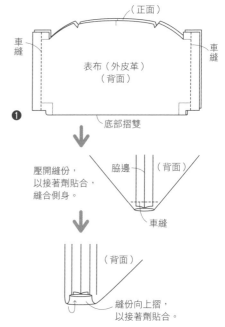

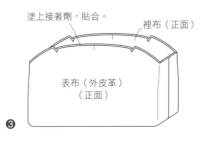

No.9 彈片夾零錢包 P.11

底部雖然是裁成摺雙，但想要的皮革或布料的尺寸如果不足，
圖樣上下有出入時，請拼合底部。

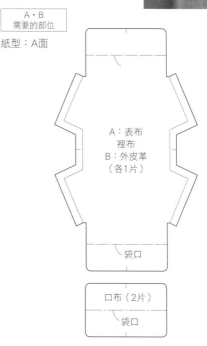

A・B
需要的部位

紙型：A面

A 布料＋布料 〔成品尺寸：8.5×7×3.5cm〕

材料
表布（棉・印花布）：15×26cm
裡布（棉・鯊魚皮紋）：15×26cm
雙面膠襯：15×26cm
彈片夾：8.6×1.5cm（Y24）1個（★）

B 皮革＋布料 〔成品尺寸：8.5×7×3.5cm〕

材料
外皮革（牛皮・厚0.6mm）：15×26cm
口布（棉・印花布）：9×12cm
雙面膠襯：9×12cm
彈片夾：8.6×1.5cm（Y24）1個（★）

準備 ※A、B
A是表布與裡布、B是外皮革與口布以雙面膠襯貼合，依紙型裁切。

作法 ※A、B
❶袋口在縫線上往外側摺，縫合。
❷表布（外皮革）正面相對，縫合兩脇邊，縫合側身。
❸翻回正面，穿過口金後嵌合。

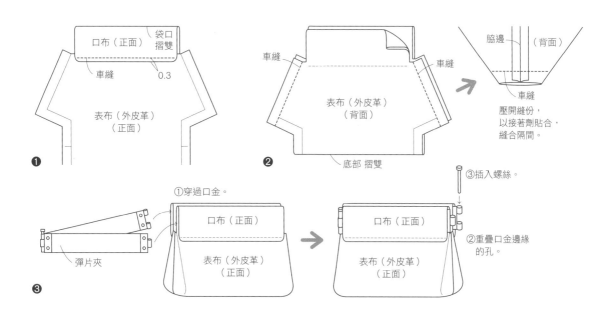

No.10 硬幣袋造型零錢包

使用單片皮革，以鋸齒型剪刀裁剪製作。
依著兒時使用過的記憶，作出復刻款零錢包。

A 皮革 〔成品尺寸：直徑5×8cm〕

材料

外皮革・底・釦絆（牛皮 厚0.6mm）：19×17cm
平面環：內徑21mm、外徑30mm（M98）1個（★）
鍊子：寬4mm×12cm
圓形環：7mm 2個

B 布料 〔成品尺寸：直徑5×8cm〕

材料

表布・底部・釦絆（棉・丹寧）：19×17cm
平面環：內徑21mm、外徑30mm（M98）1個（★）
鍊子：寬4mm×12cm
圓形環：7mm 2個

準備 ※A、B

A 在袋口處以鋸齒型剪刀裁剪。
B 將袋口裁成布耳，布耳以外的布邊塗上防布邊脫線膠。

作法 ※A、B

❶外皮革（表布）正面相對對摺，脇邊夾入釦絆。燙開縫份。
❷外皮革（表布）的底側縫份剪牙口，與底部正面相對後縫合。
❸翻回正面，以圓形環將釦絆及平面環連接鍊子。

A・B
需要的部位

紙型：A面
※釦絆如圖所示裁切。

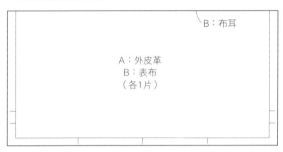

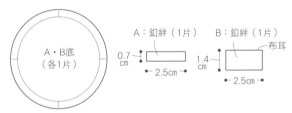

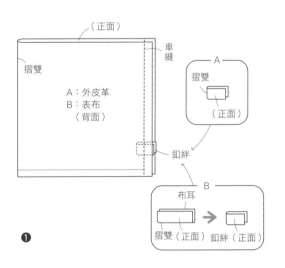

❶

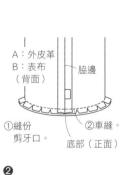

❷

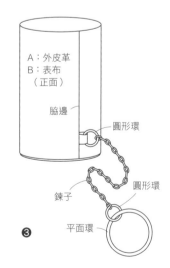

❸

C 布料＋布料 〔成品尺寸：直徑5×8cm〕

材料

表布・底・釦絆（棉・印花布）：19×26cm
雙面膠襯：19×10cm
薄膠襯（不織布）：14×7cm
平面環：內徑21mm、外徑30mm（M98）1個（★）
錬子：寬4mm×12cm
圓形環：7mm2個

需要的部位

紙型：A面
※釦絆如圖所示尺寸裁切。

準備

表布開口處對摺，依紙型裁切，單面貼上雙面膠襯。
底部2片的背面，各自貼上薄布襯，依紙型裁切。

作法

❶表布正面相對對摺，脇邊夾入釦絆後縫合。
　燙開縫份，開口處背面相對對摺，以熨斗燙貼。
❷表布的底側縫份剪牙口，與外底正面相對後縫合。
　內底摺出縫份的線，與外底背面相合後，貼上膠襯。
❸翻回正面，以圓形環將釦絆及平面環連接錬子。

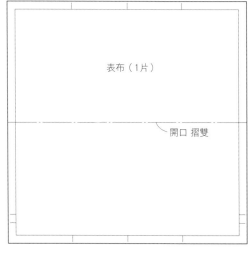

底部（2片）

釦絆（1片）

2.5cm
2.5cm

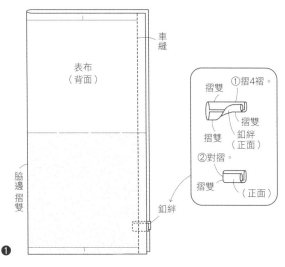

車縫

表布（背面）

脇邊摺雙

釦絆

❶

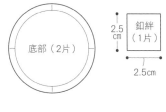

①摺4褶。
摺雙
摺雙
摺雙
釦絆（正面）
②對摺。
摺雙
（正面）

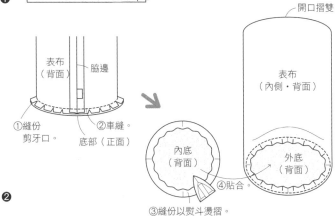

表布（背面）　脇邊

①縫份剪牙口。
②車縫。
底部（正面）

開口摺雙

表布（內側・背面）

內底（背面）

外底（背面）

④貼合。
③縫份以熨斗燙摺。

❷

表布（正面）

脇邊

圓形環

錬子

圓形環

平面環

❸

No.11 束口零錢包 P.12

A　B

圓的周圍等間距打洞，只要穿繩就可以作出束口袋造型。
使用單片皮革也可以，適合有彈性的材料。

A　皮革＋布料　〔成品尺寸：直徑8×5.5cm〕

材料

外皮革・繩釦（牛皮 厚0.9mm）：21×21cm
裡布（棉・印花布）：21×21cm
雙面膠襯：21×21cm
皮革繩：寬3mm×40cm 2條

準備

外皮革與裡布貼合雙面膠襯，依紙型裁切。

需要的部位

紙型：P.91

作法

❶以打洞器打出穿繩孔。
❷穿過皮繩，繩子穿過繩釦後打結。

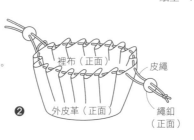

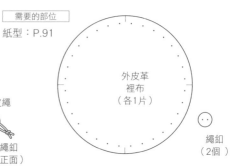

外皮革
裡布
（各1片）

繩釦
（2個）

B　布料＋布料＋皮革　〔成品尺寸：直徑8×5.5cm〕

材料

表布（棉・印花布）：22×22cm
裡布（棉・素面）：22×22cm
皮革帶（牛皮 厚1.1mm）：5×21cm
薄膠襯（不織布）：22×22cm
雙面膠襯：22×22cm
皮繩：寬3mm×40cm 2條

需要的部位

紙型：P.91

皮革帶（1片）

表布
裡布
（各1片）

準備　表布背面貼上薄布襯，裡布的背面貼上雙面膠襯，依紙型裁切。

作法

❶表布的正面與皮革帶重疊縫合。
❷表布與裡布正面相對，縫合周圍。返口以「回針縫→平針縫→回針縫」方式先縫合。
　縫份以熨斗燙開後，解開平針縫的縫線。縫份剪牙口，翻回正面後縫合返口。
❸以打洞機開穿繩洞，洞的周圍塗上防布邊脫線膠。
❹自皮革帶的兩端，穿過各1條皮繩1周，邊緣打結。

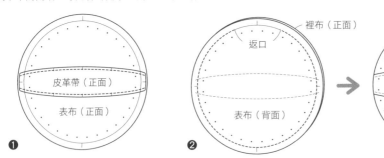

裡布（正面）

返口

皮革帶（正面）

表布（正面）

❶

返口

皮革帶（正面）

表布（背面）

❷

返口

皮革帶（正面）

表布（正面）

No.12 貝款造型零錢包

P.13

布作經常看到的貝款造型，以皮革製作。

因為要夾入內襯，所以需要內裡。

內側使用麂皮材質，也很適合當作飾品盒使用。

皮革＋皮革　〔成品尺寸：9×5.5cm〕

材料

外皮革（牛皮 厚1.2mm）：18×10cm

內皮革（豬皮・麂皮 厚0.5mm）：18×10cm

內襯（膠板 厚0.5mm）：15×8cm

麻線：適量

準備

粗裁外皮革與內皮革，內襯依紙型裁切約2mm，

外皮革的背面以接著劑貼合內襯。

外皮革與內皮革背面相對，以接著劑貼合，依紙型裁切。

作法

❶外皮革作上縫線記號，以錐子打洞。

❷各自手縫側面的外皮革2片開口部分的一邊。

❸剩餘底部用的1片及❷的2片背面相對後，
　以手縫完成。

需要的部位

紙型：P.90

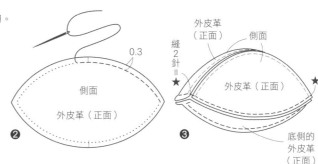

No.14 附隔間開展式零錢包

P.14

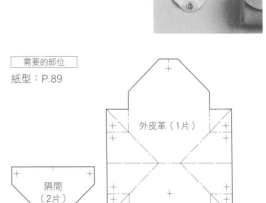

以單片皮革摺疊的形狀已經十分有趣，

加上隔間，會讓使用的方法更加多元。

隔間也可以使用其他材質製作。

皮革　〔成品尺寸：9×6cm〕

材料

外皮革・隔間（牛皮 厚1.2mm）：20×18cm

四合釦：直徑8.8mm 1組

迷你雙面鉚釘：4組

準備

外皮革、隔間依紙型裁切。

需要的部位

紙型：P.89

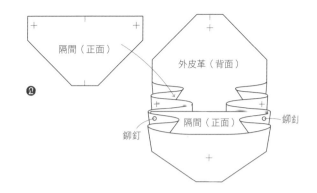

作法

❶依紙型摺疊，以槌子敲出褶線。

❷放入隔間，兩脇邊以鉚釘固定。

❸裝上四合釦（→參考P.38-⑤）。

隔間（正面）

外皮革（背面）

❷

隔間（正面）

鉚釘

鉚釘

No.15 風琴褶零錢包　P.14

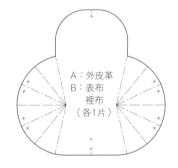

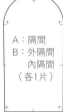

A

B

大小不同部位使用不同顏色皮革，
反轉貼合的正反面，打開時又是另一種不同的感覺。

A　皮革　〔成品尺寸：9.5×6×3cm〕

A・B
需要的部位

紙型：P.95

材料

外皮革・隔間（牛皮 厚1.2mm）：30×20cm

四合釦：直徑9.8mm 2組

迷你雙面鉚釘：4組

A：外皮革
B：表布
　　裡布
（各1片）

A：隔間
B：外隔間
　　內隔間
（各1片）

B　布料＋布料　〔成品尺寸：9.5×6×3cm〕

材料

表布・隔間（棉・7號帆布）：30×20cm

裡布・隔間（棉・印花布）：30×20cm

雙面膠襯：30×20cm

四合釦：直徑9.8mm 2組

迷你雙面鉚釘：4組

準備　※A、B

A 外皮革.隔間依紙型裁切。

B 粗裁表布與裡布，外隔間與內隔間，
貼上雙面膠襯，依紙型裁切。
塗上布邊防脫線膠。

作法　※A、B→參考P.39

No.13 摺紙式零錢包

P.13

使用皮革製作，就選擇非常薄的材質吧！

選用印花布，摺疊成風車狀時，可以摺出想要呈現的花紋。

A	皮革 〔成品尺寸：7×7cm〕

材料

外皮革・底（豬皮 厚0.4mm）：31×26cm
薄膠襯（不織布）：18×9cm
雙面膠襯：31×9cm

B	布料 〔成品尺寸：7×7cm〕

材料

表布・底（棉・印花布）：31×26cm
薄膠襯（不織布）：18×9cm
雙面膠襯：31×9cm

準備 ※A、B

粗裁外皮革（表布），內側面的背面貼上雙面膠襯，依紙型裁切。

底部依紙型裁切，2片都在背面貼上薄膠襯。

作法 ※A、B

❶外皮革（表布）正面相對對摺，縫合脇邊。

燙開縫份，翻回正面，開口處對摺以熨斗燙貼。

❷底部的縫份以熨斗燙摺。外皮革（表布）的縫份4個角，剪牙口，將縫份的角與外底的縫份相合重疊，以接著劑貼合。

❸先翻出背面，貼合內底，再翻回正面以熨斗仔細地燙出摺痕。

A・B
需要的部位

紙型：P.90

A・B：外底
　　　內底
　　　（各1片）

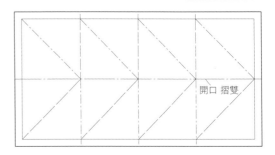

開口 摺雙

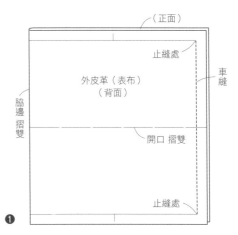

（正面）

止縫處

車縫

外皮革（表布）
（背面）

脇邊摺雙

開口 摺雙

止縫處

❶

❷

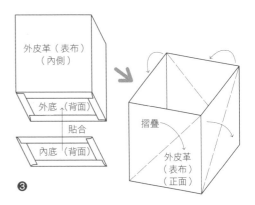

❸

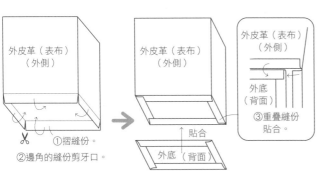

外皮革（表布）（外側）

外皮革（表布）（外側）

外皮革（表布）（外側）

外底（背面）

③重疊縫份貼合。

①摺縫份。

②邊角的縫份剪牙口。

貼合

外底（背面）

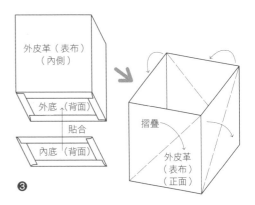

外皮革（表布）（內側）

外底（背面）

貼合

內底（背面）

摺疊

外皮革（表布）（正面）

No.17 硬幣分類夾零錢包 P.15

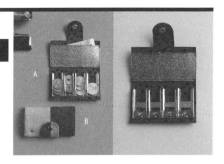

若不需要紙鈔袋也可以省略。

有厚度的單片皮革，只需裝上金屬零件就完成，

樣式簡單也很帥氣。

A 皮革＋布料 〔成品尺寸：10.5×6cm〕

需要的部位

紙型：A面

材料

外皮革・外口袋・外釦帶（牛皮 厚1.2mm）：12×22cm

裡布・內口袋・內釦帶（棉・圓點）：12×22cm

雙面膠襯：12×22cm

4排硬幣分類金屬零件：10×5cm（Y27）1個（★）

四合釦：直徑9.8mm 1組

迷你雙面鉚釘：6組

準備

粗裁外皮革與裡布、外口袋與內口袋、外釦帶與內釦帶，以雙面膠襯貼合，依紙型裁切。

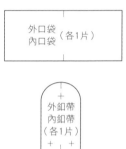

作法

❶袋口進行車縫布邊，與外皮革背面相對後縫合底側。

　外皮革的周圍車縫布邊，口袋的兩脇邊也縫合。

❷釦帶的周圍車縫布邊，裝上四合釦凹釦（凹）

　（→參考P.38-⑤），外皮革以鉚釘固定。

❸外皮革裝上四合釦凸釦，硬幣分類金屬以鉚釘固定。

　鉚釘位置非等間距，請特別注意。

　原寸紙型的鉚釘位置依原樣的方向複寫於外皮革的內側，

　打洞前請務必放上金屬配件作確認。

　另外，與一般的裝法不同，

　鉚釘的凹釦放於外皮革的正面，

　將凸釦嵌入硬幣分類金屬側，從凸釦側打入。

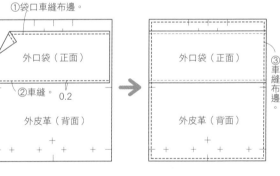

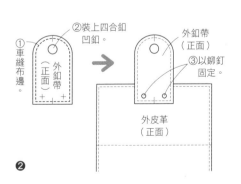
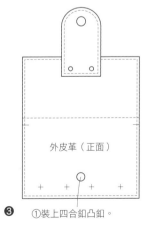
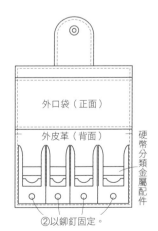

B 布料＋布料 〔成品尺寸：10.5×6cm〕

材料

表布・外釦帶（棉・條紋）：17×15cm
裡布・口袋・內釦帶（棉・格紋）：17×25cm
薄膠襯（不織布）：26×25cm
4排硬幣分類金屬零件：10×5cm（Y27）1個（★）
四合釦：直徑9.8mm 1組
迷你雙面鉚釘：6組

準備

表布・裡布・口袋背面貼上膠襯，依紙型裁切。

作法

❶口袋袋口正面相對對摺，縫合下緣，翻回正面。
　重疊裡布，縫合底側。
❷表布與裡布正面相對，留返口，縫合周圍。
　翻回正面，車縫布邊後縫合返口。
❸外釦帶與內釦帶正面相對，縫合下緣以外部分。
　翻回正面，下側的縫份往內摺，車縫布邊後，縫合下緣。
　裝上四合釦凹釦（→參考P.38-⑤），表布以鉚釘固定。
❹表布裝上四合釦凸釦，確認安裝位置，
　硬幣分類金屬零件以鉚釘固定（→參考P.64-③）

需要的部位

紙型：A面

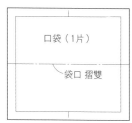

—・—— 山摺線

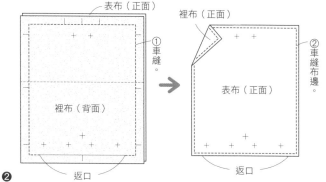

65

No.19 紙鈔夾 P.17

作成像書套的形狀，
最後穿過金屬的部分呈L字形縫合。
薄皮革是B，厚皮革則是使用C方法。

C 皮革＋布料 〔成品尺寸（對摺時）：10×9.5cm〕

材料
外皮革（牛皮 厚1.2mm）：31×10cm
裡布（棉・印花布）：31×10cm
雙面膠襯：31×10cm
紙鈔夾金具：長8.9cm 1個（★）
麻線：適量

需要的部位
紙型：P.94

外皮革
內皮革
（各1片）

準備
外皮革與裡布使用雙面膠襯貼合，依紙型裁切。

作法
❶摺疊兩脇邊的口袋部分，以接著劑貼合。
❷上下緣開洞，手縫。
❸在中央對摺，縫合L字形，插入紙鈔夾。

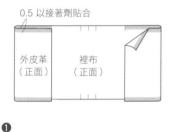

0.5 以接著劑貼合

外皮革
（正面）　裡布
（正面）

❶

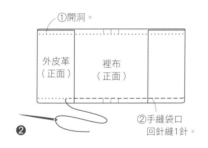

①開洞。

外皮革
（正面）　裡布
（正面）

②手縫袋口
回針縫1針。

❷

①手縫。

外皮革
（正面）

②插入紙鈔夾。

❸

A 布料＋布料 〔成品尺寸（對摺時）：10×9.5cm〕

材料
表布（亞麻・千鳥格紋）：32×12cm
裡布（亞麻・素色）：32×12cm
薄膠襯（不織布）：32×23cm
紙鈔夾：長8.9cm 1個（★）

B 皮革＋布料 〔成品尺寸（對摺時）：10×9.5cm〕

材料
外皮革（牛皮 厚0.7mm）：32×12cm
裡布（棉・印花布）：32×12cm
薄膠襯（不織布）：32×12cm
紙鈔夾：長8.9cm 1個（★）

A・B 需要的部位 紙型：P.94

A：表布・裡布
B：外皮革・裡布
（各1片）

準 備

A是表布與裡布，B是裡布的內側貼上膠襯，依
紙型裁切。

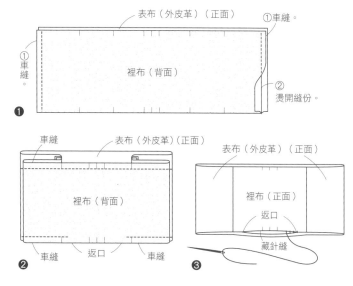

作 法

❶表布（外皮革）與裡布，正面相對後縫合兩
　脇邊。

❷兩脇邊的口袋部分向內側摺，留返口後縫合
　上下邊。皮革的情況，先縫合返口，再將平
　針縫的縫線解開。

❸自返口翻回正面，以藏針縫縫合返口。
　皮革以②解開線後的洞，進行捲針縫。

❹中央對摺，縫合L字形，插入紙鈔夾。（→參
　考P.66-③）。

SUB ITEM　各式零錢包

| C | 皮革＋布料　〔成品尺寸：7.5×3.5cm〕 |

材 料

外皮革（牛皮 厚1.2mm）：8×8cm
裡布（棉・印花布）：8×8cm
雙面膠襯：8×8cm
拉鍊：10cm 1條
麻線：適量

需要的部位
紙型：P.90

作法　→參考P.53-F

外皮革
裡布
（各1片）

| A | 布料＋布料　〔成品尺寸：8×5.5cm〕 |

材 料

表布（亞麻・千鳥格子）：16×16cm
裡布（亞麻・素面）：16×16cm
薄膠襯（不織布）：32×16cm
四合釦：直徑9.8mm 1組

需要的部位
紙型：P.95

作法　→參考P.46-B

表布
裡布
（各1片）

| B | 皮革＋布料　〔成品尺寸：8.5×3.5cm〕 |

材 料

外皮革（牛皮 厚0.7mm）：11×8cm
裡布・側身（棉・印花布）：11×18cm
薄膠襯（不織布）：11×12cm
雙面膠襯：8×4cm
再生紙：9×8cm
口金：8.4×3.3cm（F20）1個（★）
紙繩：適量

作法　→參考P.68-A

需要的部位
紙型：P.94

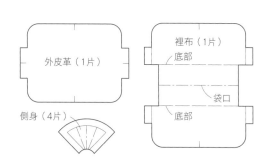

外皮革（1片）

側身（4片）

裡布（1片）
底部
袋口
底部

No.16　附隔間口金零錢包　P.15

印章盒用的小口金包，可以放得下10元硬幣。
穿和服時，可以夾在腰帶板上使用的零錢包。

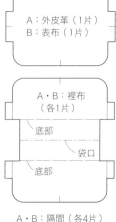

A	皮革＋布料　〔成品尺寸：8.5×3.5cm〕

材料

外皮革（牛皮 厚0.8mm）：11×8cm
裡布・側身（棉・圓點）：11×18cm
薄膠襯（不織布）：11×12cm
雙面膠襯：8×4cm
再生紙：9×8cm
口金：8.4×3.3cm（F20）1個（★）
紙繩：適量

B	布料＋布料　〔成品尺寸：8.5×3.5cm〕

材料

表布（絲綢・紬的和服布）：11×8cm
裡布・側身（麻・素面）：11×18cm
薄膠襯（不織布）：11×12cm
雙面膠襯：8×4cm
再生紙：9×8cm
口金：8.4×3.3cm（F20）1個（★）
紙繩：適量

準備　※A・B
A裡布、B表布與裡布的背面貼上薄膠襯，
依紙型裁切。A、B皆在2片側身貼上雙面膠襯。
再生紙比外皮革（表布）紙型小1mm，
省略兩脇邊的摺份後裁切。

作法　※A・B
❶摺疊裡布，兩脇邊的摺份往背面摺，以接著劑貼合。
❷2片側身片（貼膠襯及沒貼膠襯）正面相對，縫合彎弧處。
　翻回正面，2片以熨斗燙貼疊合。
　再製作另1個相同的側身（→參考P.43-⑤）。
❸以側身夾住裡布隔間部分的兩脇邊，約3cm左右縫合。
❹側身的兩脇邊縫份與裡布邊緣的縫份重疊，0.2cm左右縫合。
　（→參考 P.43-⑦）。
❺準備紙繩。（→參考P.43-⑩）。
❻嵌入口金。（→參考P.43-⑩）。

A・B
需要的部位
紙型：P.94

A：外皮革（1片）
B：表布（1片）

A・B：裡布
（各1片）

底部
袋口
底部

A・B：隔間（各4片）

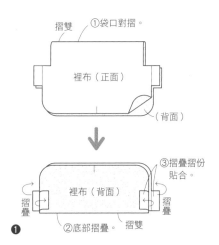

摺雙　①袋口對摺。
裡布（正面）
（背面）

③摺疊摺份貼合。
裡布（背面）
摺疊　②底部摺疊。　摺雙
❶

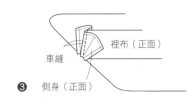

裡布（正面）
車縫
❸　側身（正面）

No.18 拉鍊式子母錢包 P.16

不須車縫，全部以手縫製作也OK！
拉鍊的拉鍊頭也可以使用剩下的皮革來作。
或是加點小巧思，提高錢包的實用度。

SUB

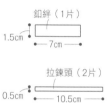

皮革　〔成品尺寸：21×12cm〕

[材料]
外皮革（牛皮 厚1.2mm）：25×42cm
拉鍊：20cm 2條
四合釦：直徑12.5mm 2組
麻線：適量

[準備]
裁切外皮革、釦絆、拉鍊頭用部位。

[作法]
❶處理拉鍊邊（→參考P.42-②④至⑦）。
❷開外皮革的拉鍊位置的洞，以手縫裝上拉鍊。
❸2片外皮革正面相對後，單面的脇邊夾入釦絆，
　車縫兩脇邊。
❹外皮革1片的開孔處裝上四合釦。
❺將拉鍊頭穿過拉鍊頭用皮革，以手縫固定。

[需要的部位]
紙型：A面
※釦絆、拉鍊頭如圖所示尺寸裁切。

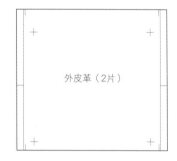
外皮革（2片）

釦絆（1片）
1.5cm ┄ 7cm

拉鍊頭（2片）
0.5cm ┄ 10.5cm

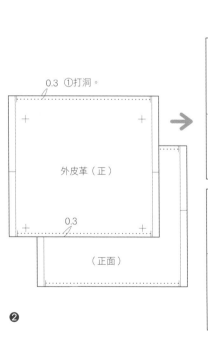

0.3 ①打洞。
外皮革（正）
0.3
（正面）

❷

拉鍊（正面）▲
②手縫。
外皮革（正面）
手縫
手縫
拉鍊（正面）
外皮革（正面）
與▲縫合

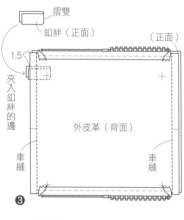

摺雙
釦絆（正面）　（正面）
1.5
夾入釦絆的邊
外皮革（背面）
車縫　車縫
❸

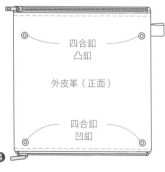

四合釦 凸釦
外皮革（正面）
四合釦 凹釦
❹

※SUB ITEM的材料請見P.70→

SUB ITEM 橢圓形拉鍊式零錢包

皮革 〔成品尺寸．10×8cm〕

材料
外皮革（牛皮 厚1.2mm）：22×9cm
拉鍊：10cm 1條
麻線：適量

需要的部位
紙型：P.90
※拉鍊頭如圖所示
　尺寸裁切。

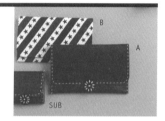
外皮革
（2片）

作法 →參考P.51-A a、P.52-B

拉鍊頭（1片）
9cm　　0.5cm

No.20 信封式長夾　　P.18

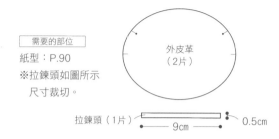

A是皮革小物入門的推薦品項。
B能作得漂亮的重點是彎弧處的縫份處理。

A 皮革 〔成品尺寸：17.5×10.5cm〕

材料
外皮革（牛皮 厚1.5mm）：18×30cm
木釦：直徑3cm 1個
麻線：適量

需要的部位
紙型：B面

外皮革（1片）

底部

袋口

作法
❶外皮革的袋口打洞，以手縫縫合。
❷底部背面相對摺疊，以接著劑貼合脇邊。
❸底部以外的三邊打洞，以手縫縫合。
❹裝上鈕釦。

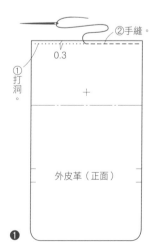

②手縫。
0.3
①打洞。
外皮革（正面）

❷

外皮革（背面）
②脇邊背面塗上
接著劑貼合。
（正面）
①摺疊底部。

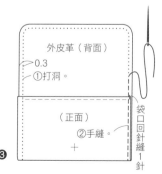

❸

外皮革（背面）
0.3
①打洞。
（正面）
②手縫。
袋口回針縫1針

皮革　〔成品尺寸8×7cm〕

材料

外皮革・補強片（牛皮 厚1.5mm）：16×20cm
木釦：直徑3cm 1個
麻線：適量

作法　→參考P.37

※唯一不同的是，最後以手縫裝上代替四合釦的木釦。

B　布料＋布料　〔成品尺寸：17×10cm〕

材料

表布（棉・印花布）：20×32cm
裡布（棉・格紋）：20×32cm
薄膠襯（不織布）：40×32cm

準備

表布、裡布的背面貼上膠襯，依紙型裁切。

作法

❶表布與裡布正面相對，留返口，縫合袋口。
　燙開縫份，表布與裡布背面相對。
❷摺疊表布、裡布的底，正面相對，
　車縫底部以外的三邊。
　彎弧處的縫份剪牙口。
❸自返口翻回正面，整理形狀後縫合返口。

需要的部位

紙型：B面

表布
裡布
（各1片）

底部

開口

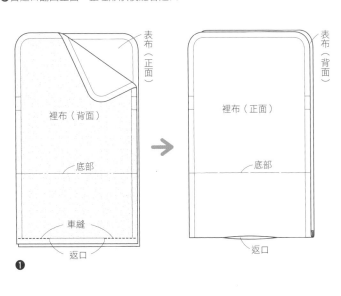

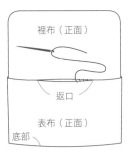

No.21 存摺包 P.19

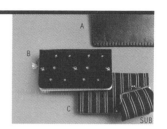

此作品的特色是返口作在內口袋的底部。

請特別注意卡片夾內的隔間，若沒有正確縫好，

卡片可能會放不進去。

A 皮革 〔成品尺寸：17.5×10.5cm〕

材料

外皮革・口袋（牛皮 厚1.2mm）：18×43cm

麻線：適量

需要的部位

紙型：P.94

外皮革（1片）

口袋（2片）

作法

❶外皮革的背面貼上口袋。

❷周圍打洞，以手縫縫合。

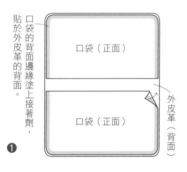

口袋（正面）

口袋（正面）

貼於外皮革的背面。

口袋的背面邊緣塗上接著劑，

外皮革（背面）

❶

②手縫。

0.3
①打洞。

口袋（正面）

口袋（正面）

外皮革（背面）

袋口回針縫1針

❷

B 布料＋布料 拉鍊口袋款 〔成品尺寸：17×10cm〕

材料

表布（棉・印花布）：20×23cm

裡布・開口式口袋・拉鍊口袋

（棉細平布・格紋）：39×47cm

薄膠襯（不織布）：39×58cm

拉鍊：20cm 1條

需要的部位

紙型：P.94

準備

表布、裡布、口袋的背面貼上膠襯，依紙型裁切。

作法 →參考P73-C

❶將開口式口袋背面相對對摺，袋口車縫布邊。

❷拉鍊裁短至16cm，處理邊緣。（→參考P.41-②）

❸拉鍊口袋4片的袋口縫份往內摺，

拉鍊的兩脇邊各夾入2片縫上。

（→參考P.42-③）

❹裡布的返口縫份剪牙口，返口的縫份往內摺。

在裡布的正面，重疊開口式口袋與拉鍊式口袋。

❺表布與❹正面相對後，縫合周圍。

（參考→P.45-③）

彎弧處的縫份剪牙口。

❻自返口翻回正面，縫合返口。

開口式口袋
（1片）

表布
裡布
（各1片）

拉鍊式口袋
（4片）

C 　布料＋布料　卡片夾款式　〔成品尺寸：17×10cm〕

材 料
表布（棉・條紋）：22×23cm
裡布・開口式口袋・卡片夾
（棉・條紋）：39×43cm
薄膠襯（不織布）：39×61cm

準 備
表布、裡布、口袋背面貼上膠襯，
依紙型裁切。

作法
❶2片開口式口袋背面相對對摺，袋口車縫布邊。
　卡片夾也以相同方式製作。
❷開口式口袋1片與卡片夾重疊，
　縫合2片隔間。
❸裡布的返口縫份剪牙口，
　返口的縫份往背面摺，正面與口袋重疊。
❹表布與③正面相對，縫合周圍（→參考P.45-[3]）。
　彎弧處縫份剪牙口。
❺自返口翻回正面，縫合返口。

需要的部位
紙型：P.94

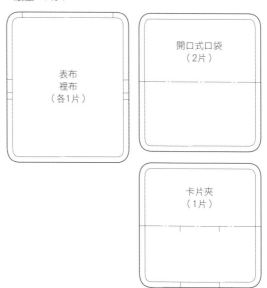

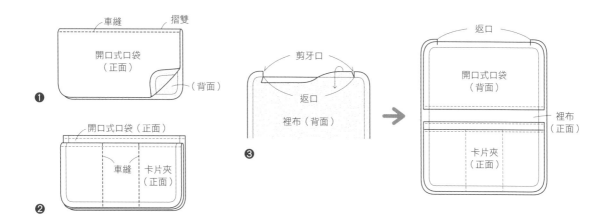

SUB ITEM　口金零錢包

布料＋布料　〔成品尺寸10×6×2cm〕

材 料
表布（棉・雙色條紋）：14×15cm
裡布（棉・條紋）：14×15cm
薄膠襯（不織布）：28×15cm
口金：7.6×3.8cm（F18）1個（★）
紙繩：適量

作法 →參考P.56-A

No.22 簡單型長夾

P.20

裡布盡量選擇薄的布，
卡片夾確實地使用熨斗燙摺。

A 布料＋布料 〔成品尺寸：19.5×9.5cm〕

材料

表布（亞麻混紡）：22×22cm
裡布・卡片夾a・卡片夾b・
內口袋裡布（棉・緞面）：45×74cm
薄膠襯（不織布）：45×84cm
拉鍊：20cm 1條

準備

表布、裡布、口袋的背面貼上膠襯，
依紙型裁切。

作法

❶拉鍊裁成18cm，處理邊緣。
 （→參考P.41-②）

❷摺疊卡片夾a、卡片夾b，袋口車縫布邊。
 （→參考P.41-①）。

❸卡片夾b與內口袋裡布3片的開口縫份往內摺，夾住拉鍊兩脇
 邊縫合（→參考P.42-③）。拉鍊背面相對對摺。

❹裡布的返口縫份剪牙口，返口的縫份往內摺，正面重疊口袋
 a・b，縫份以接著劑暫時固定。

需要的部位

紙型：P.91、紙型B面

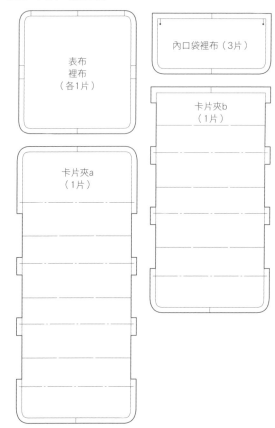

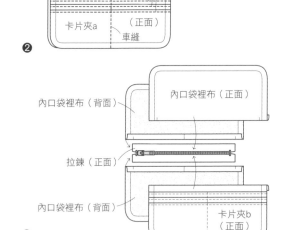

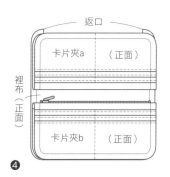

❺表布與④正面相對。考慮到對摺時的內外差，
　一邊彎曲中央部分，將周圍的縫份以接著劑貼
　合（→參考P.43-⑧）。
❻縫合周圍，彎弧處的縫份剪牙口。
❼翻回正面・縫合返口。

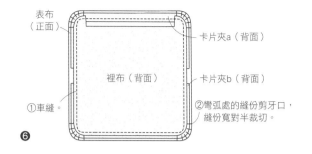

表布
（正面）
卡片夾a（背面）
裡布（背面）
卡片夾b（背面）
①車縫
②彎弧處的縫份剪牙口，
　縫份寬對半裁切。
❻

B 　布料＋布料　外口袋　〔成品尺寸：19.5×9.5cm〕

材料
表布a・表布b（印度棉）：22×24cm
裡布・卡片夾a・卡片夾b・外口袋裡布・內口袋裡布
（棉・印花布）：45×82cm
薄膠襯（不織布）：45×93cm
拉鍊：20cm 1條

準備
表布a、表布b、裡布、口袋的背面貼上膠襯，
依紙型裁切。

作法
❶表布a、表布b與外口袋裡布正面相對後縫合。
　摺疊縫線，袋口車縫布邊。
❷拉鍊裁成18cm，處理邊緣（→參考P.41-②）。
❸摺疊卡片夾a、卡片夾b，袋口車縫布邊。
　縫合隔間。（→參考P.41-①）。
❹卡片夾b與內口袋裡布3片的袋口縫份往內摺，
　夾住拉鍊的兩脇邊縫合。
　（→參考P.42-③）。拉鍊背面相對對摺。
❺裡布的返口縫份剪牙口，返口的縫份往內摺，
　正面重疊口袋a・b，縫份以接著劑暫時固定
　（→參考P.74-④）。
❻表布與⑤正面相對。考慮對摺時的內外差，彎曲中央部分，
　以接著劑貼合周圍縫合（→參考P.43-⑧）。
❼縫合周圍，彎弧處縫份剪牙口（→參考P.74-⑥）。
❽翻回正面，縫合返口。

需要的部位　紙型：P.91、紙型B面

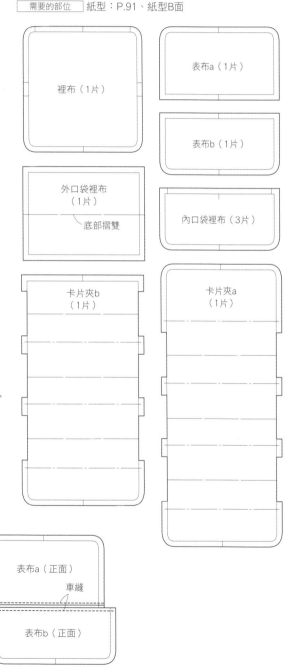

裡布（1片）

表布a（1片）

表布b（1片）

外口袋裡布
（1片）
底部摺雙

內口袋裡布（3片）

卡片夾b
（1片）

卡片夾a
（1片）

車縫
表布a（背面）
外口袋裡布
（正面）
❶ 表布b（背面）　車縫

表布a（正面）
車縫
外口袋裡布
（正面）
表布b（正面）

No.23 口金長夾 P.22

這個形狀的長夾，外側使用的材料稍微有點厚度，
回針縫也有點難度。
十分適合以和服腰帶材質及家飾織品的布料製作。

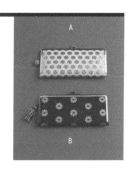

A 皮革＋布料 〔成品尺寸：21.5×10cm〕

材料

外皮革（牛皮 厚1.1mm・網狀）：24×21cm
卡片夾・拉鍊式口袋・側身
（棉・織紋）：42×78cm
薄膠襯（不織布）：42×78cm
雙面膠襯：20×10cm
再生紙：22×21cm

拉鍊：20cm 1條
口金：21.5×9.5cm（N）1個（☆）
紙繩：適量

作法 →參考P.41

B 布料＋布料 〔成品尺寸：21.5×10cm〕

材料

表布（絲・和服腰帶）：24×21cm
卡片夾・隔間a・隔間b・側身〈大〉・
側身〈中〉・側身〈小〉（棉・條紋）：45×90cm
薄膠襯（不織布）：45×78cm
雙面膠襯：20×20cm
再生紙：22×21cm
口金：21.5×9.5cm（AT）1個（☆）
紙繩：適量

準備

表布・卡片夾・隔間a・隔間b背面貼上薄膠襯，
依紙型裁切。
側身〈大〉・側身〈中〉・側身〈小〉各1片
背面貼上雙面膠襯，依紙型裁切。
再生紙比表布的紙型小2mm，兩脇邊的縫份省略後裁切。

需要的部位

紙型：P.92、紙型B面

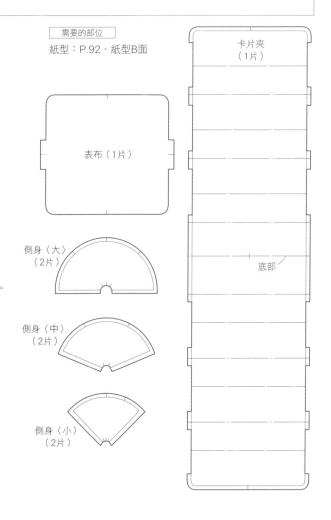

表布（1片）

卡片夾（1片）

底部

側身〈大〉（2片）

側身〈中〉（2片）

側身〈小〉（2片）

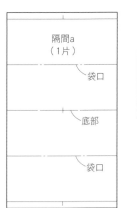

隔間a（1片）

袋口
底部
袋口

隔間b（1片）

袋口

❶摺疊卡片夾，袋口車縫布邊。
　縫合隔間。（參考→P.41-1）。
❷隔間a正面相對對摺，縫合，燙開縫份。
　翻回正面，將縫線放置中央摺疊，袋口的山摺處車縫布邊。

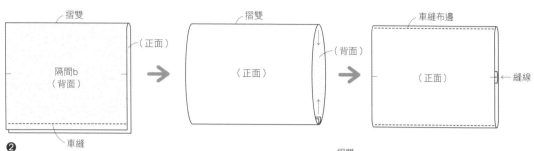

❸隔間b正面相對對摺，縫合，燙開縫份。
　翻回正面，袋口的山摺處車縫布邊。
❹隔間b重疊於隔間a的中央縫合。
❺側身各2片，正面相對，縫合彎弧處，翻回正面。
　〈小〉摺於兩脇邊的縫線後，〈中〉〈大〉則依兩脇邊原
　狀，僅彎弧處縫合車縫布邊摺疊。（→參考P.43-5）。
❻隔間b的內脇邊緣夾入側身〈小〉，縫合0.5cm左右。側
　身〈小〉的兩脇邊緣重疊隔間a的中央，縫合0.2cm左右。
❼隔間b的另一端夾入側身〈大〉縫合，接著也夾入隔間a
　的邊緣。以相同的方式，隔間a的另一端夾入側身〈中〉
　縫合。
❽側身〈大〉、側身〈中〉的兩脇邊縫份重疊卡片夾邊緣
　縫份，縫合0.2cm左右。（→參考P.43-7）。
❾表布貼上再生紙（→參考P43-8），重疊❽後，以接著
　劑貼合（→參考P43-9）。
❿準備紙繩，嵌入口金（→參考P.43-10）。

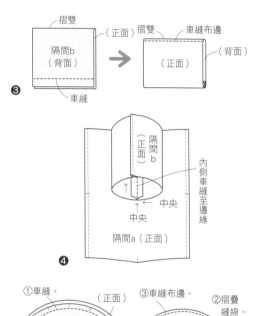

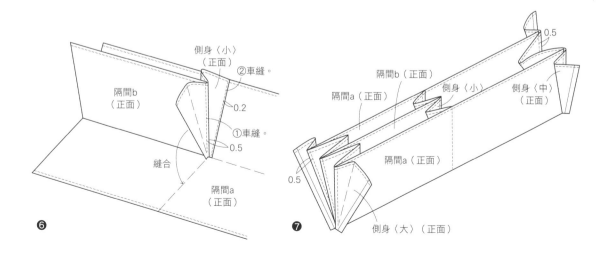

77

No.24 圓邊拉鍊式長夾 P.24

SUB

外側及內側分開製作，最後以手縫組合。

因為拉鍊周圍採手縫製作，作法比外觀看起來還要簡單。

皮革＋布料 〔成品尺寸：20.5×9.5cm〕

材料

外皮革（牛皮 厚1.8mm）：21×20cm
卡片夾・拉鍊袋・側身
（薄亞麻布・圓點）：42×78cm
薄膠襯（不織布）：42×78cm
雙面膠襯：20×10cm
拉鍊：20cm、40cm各1條
麻線：適量

準備

外皮革維持原狀，卡片夾・拉鍊式口袋背面貼上薄膠襯，
依紙型裁切。
側身2片的背面貼上雙面膠襯後裁切。

作法

❶摺疊卡片夾，袋口車縫布邊。
　縫合隔間（→參考P.41-①）。
❷將20cm拉鍊裁至18cm，40cm裁至36cm，
　處理邊緣。（→參考P.41-②）。
❸拉鍊式口袋加上18cm的拉鍊（→參考P.42-③）。
❹卡片夾的中央重疊拉鍊式口袋縫合。（→參考P.42-④）。
❺側身片2片（有貼雙面膠襯及沒貼的）正面相對，縫合彎弧處。
　翻回正面，彎弧處車縫布邊後摺疊。
　再製作另一個側身。（→參考P.43-⑤）。
❻拉鍊式口袋的兩脇邊夾入側身，縫合0.5cm左右。
　（→參考P.43-⑥）。
❼卡片夾的兩脇邊夾入側身的兩脇邊縫份貼合。
　（→參考P.81-⑤）。
　卡片夾的縫份往內側摺。角的部分裁切多餘的縫份，
　仔細均等地抓出皺褶，作出圓形。縫合側身的兩脇邊。
　（→參考P.81-⑨）。
❽外皮革的周圍打洞，以手縫固定36cm的拉鍊。
❾外皮革的背面重疊卡片夾，挑起山摺處，
　以藏針縫縫合拉鍊帶。

需要的部位

紙型：P.92、P.93、紙型B面

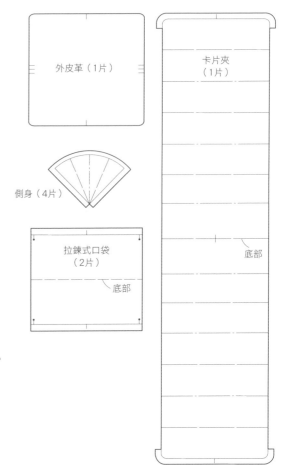

外皮革（1片）

側身（4片）

拉鍊式口袋（2片）

底部

卡片夾（1片）

底部

❼

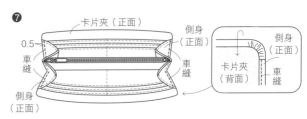

卡片夾（正面）
側身（正面）
0.5
車縫
側身（正面）
車縫
側身（正面）
卡片夾（背面）
車縫

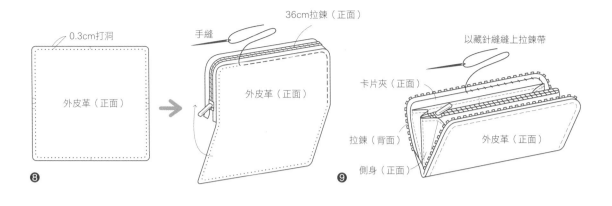

0.3cm打洞

外皮革（正面）

手縫

36cm拉鍊（正面）

外皮革（正面）

❽

以藏針縫縫上拉鍊帶

卡片夾（正面）

拉鍊（背面）

外皮革（正面）

側身（正面）

❾

附隔間拉鍊零錢包

皮革＋布料 〔成品尺寸：10×6.5cm〕

需要的部位
紙型：P.92、P.93

材料

外皮革（牛皮 厚1.8mm）：11×14cm
裡布・側身（薄亞麻布・圓點）：23×34cm
薄膠襯（不織布）：12×34cm
雙面膠襯：13×10cm
拉鍊：20cm 1條
麻線：適量

準備

外皮革維持原狀，裡布背面貼上薄膠襯，
依紙型裁切。側身2片的背面貼上雙面膠襯後裁切。

作法

❶摺疊裡布，山摺處車縫布邊。
❷側身片2片（有貼雙面膠襯及沒有貼的）正面相對，縫合彎弧處。
　　翻回正面，彎弧處車縫布邊後摺疊。再製作1個側身（→參考P.43-⑤）。
❸裡布的兩脇邊夾入側身，縫合0.3cm左右（→參考P.43-⑥）。
❹側身的兩脇邊縫份重疊裡布邊緣的縫份，
　　縫合0.2cm左右（→參考P.43-⑦）。
　　裡布的縫份往內摺，裁切掉角的多餘縫份，
　　仔細地抓出均等的皺褶，作出圓形。
❺處理拉鍊邊緣（→參考P.42-② ④至⑦）。
❻外皮革的周圍打洞，手縫裝上拉鍊。
　　（→參考P.79-❽上圖）
❼外皮革的背面重疊裡布，挑起山摺處，
　　捲針縫拉鍊帶（→參考P.79-❾上圖）。

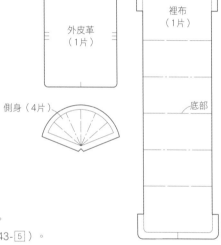

外皮革
（1片）

裡布
（1片）

側身（4片）

底部

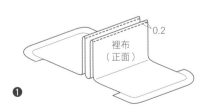

0.2

裡布
（正面）

❶

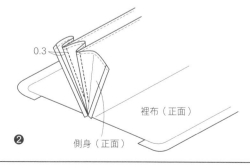

0.3

裡布（正面）

側身（正面）

❷

No.25 摺紙式三角袋蓋錢包 P.26

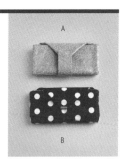

A
B

錢包東西太多，經常變得鼓鼓的，
可以調整四合釦到較鬆的位置，再裝上兩個釦子改善喔！

A 皮革＋布料 〔成品尺寸：20×10.5cm〕

【材料】
外皮革・釦帶・外側身a（牛皮 厚0.7mm）：42×31cm
裡布・卡片夾・紙鈔夾・內側身a・
側身b（絲・和服材質）：44×90cm
薄膠襯（不織布）：44×90cm
雙面膠襯：15×10cm
四合釦：直徑9mm 1組

B 布料＋布料 〔成品尺寸：20×10.5cm〕

【材料】
表布・外側身a（亞麻・圓點）：34×31cm
裡布・卡片夾・紙鈔夾・內側身a・
側身b（粗棉條紋布）：44×90cm
薄膠襯（不織布）：44×90cm
雙面膠襯：15×10cm
四合釦：18mm 1組

【準備】※A、B
外皮革（表布）、裡布・卡片夾・紙鈔袋・內側身a
在背面貼上薄布襯，依紙型裁切。
側身b 2片的背面貼上雙面膠襯後裁切。

【作法】
❶A在釦帶上裝上四合釦（→參考P.38-⑤）後，縫於外皮革上。
外皮革的四合釦位置先作記號。

A・B
需要的部位
釦帶只有A。
紙型：P.93、紙型B面

釦帶（1片）＋

外側身a
內側身b
（各2片）

側身b（4片）

紙鈔袋
表布・裡布
（各1片）
底部

凹釦
A：外皮革
裡布
B：表布
裡布
（各1片）

卡片夾
（1片）

底部

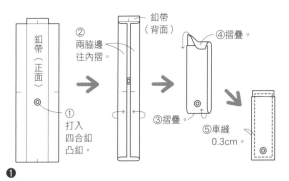

釦帶（正面）
①打入四合釦凸釦。

②兩脇邊往內摺。

釦帶（背面）
③摺疊。

④摺疊。

⑤車縫0.3cm

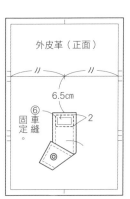

外皮革（正面）
6.5cm
⑥固定。車縫。
2

❶

❷外皮革（表布）與外側身a正面相對，縫合。

裡布與內側身a也以相同方式製作。

❸摺疊卡片夾，袋口車縫布邊。

縫合隔間。（→參考P.41-1）。

❹2片側身b（有貼雙面膠襯與沒貼的）正面相對，縫合彎弧處。

翻回正面，彎弧處車縫布邊後摺疊。

再另外作1個側身（→參考P.43-5）。

❺卡片夾的兩脇邊，夾入側身b的兩脇邊縫份後貼合。

❻卡片夾上的2邊與紙鈔袋，正面相對後縫合。

❼紙鈔袋裡布底部，正面相對對摺後縫合兩脇邊，

上緣的縫份2片一起往紙鈔袋裡布底側倒向。

脇邊縫份的底部剪牙口後燙開，各自往內側倒向以接著劑貼合。

❽紙鈔袋表布的脇邊縫份以接著劑貼於內側。

包覆❼的縫份紙鈔袋裡布與卡片夾，以接著劑貼合兩脇邊。

❾縫合側身b。

❿紙鈔袋表布的上緣縫份重疊於裡布的長邊1邊（背面側）縫份，縫合。

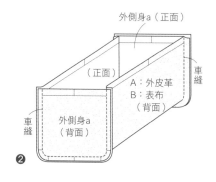

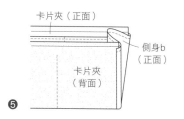

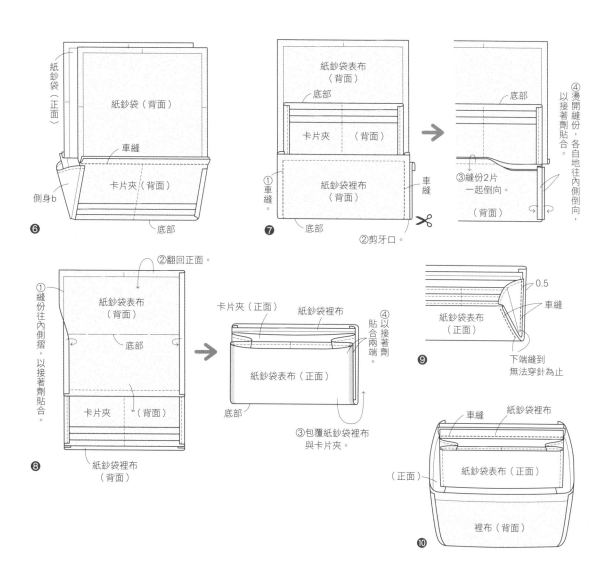

⓫ ⓿與外皮革（表布）正面相對，縫合附口袋的長邊（背面側）。

⓬翻回正面，背面相對重疊，整理形狀。

確認外皮革四合釦位置，修正後裝上四合釦凹釦（→P.38-⑤參考）。

袋口剩下的3邊縫份摺出縫線，縫合袋口一圈。

B裝上四合釦凸釦。（→P.38-⑤、P.45-④參考）。

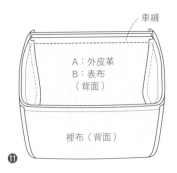
車縫
A：外皮革
B：表布
（背面）
裡布（背面）
⓫

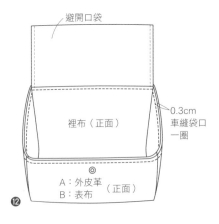
避開口袋
裡布（正面）
0.3cm
車縫袋口
一圈
A：外皮革 （正面）
B：表布
⓬

No.26 對摺式短夾　P.28

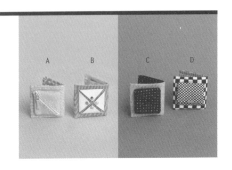

零錢包只縫3邊，

開口留1邊可當成隱藏式口袋，

開口的位置可以依個人使用的習慣來決定。

A 布料＋皮革 〔成品尺寸：10×10cm〕

紙鈔夾A至D
需要的部位

紙型：B面

〔材料〕

表布（條紋單寧・條紋）：23×12cm

卡片夾・紙鈔夾（棉・印花布）：44×49cm

零錢包表布〈大〉・零錢包表布〈小〉・

釦絆・拉鍊頭裝飾（牛皮・厚0.9mm）：20×10cm

薄膠襯（不織布）：44×49cm

拉鍊：10cm 1條

麻線：適量

〔需要的部位〕〔零錢包〕

紙型：P.90

※釦絆・拉鍊頭裝飾依圖所示尺寸裁切。

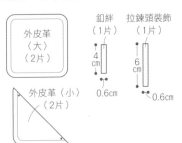
外皮革
〈大〉
（2片）
外皮革〈小〉
（2片）
釦絆
（1片）
4cm
0.6cm
拉鍊頭裝飾
（1片）
6cm
0.6cm

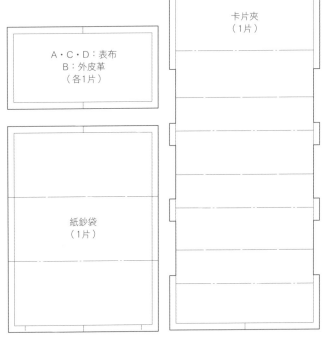
A・C・D：表布
B：外皮革
（各1片）
紙鈔袋
（1片）
卡片夾
（1片）

作法 →參考紙鈔袋P.44、零錢包P.54-E
縫合零錢包前，外皮革〈大〉的縫線
0.7cm處先以錐子打出穿線洞，以手縫縫於表布上。

打穿線洞
外皮革〈大〉
（正面）
0.7cm

B　皮革＋布料　〔成品尺寸：10×10cm〕

材料

外皮革・零錢包內皮革・零錢包外皮革
（豬皮 厚0.4mm）：23×22cm
零錢包表布・零錢包裡布（棉・11號帆布）：
18×11cm
卡片夾・紙鈔夾（棉・被單布）：
44×49cm
薄膠襯（不織布）：44×49cm
雙面膠襯：18×11cm
四合釦：9.8cm 4組

作法 →參考紙鈔袋P.44、零錢包P.51-A
貼合零錢包表布與內皮革〈大〉的背面，
先以錐子打洞，手縫於外皮革上。

需要的部位 〔零錢包〕

紙型：A面

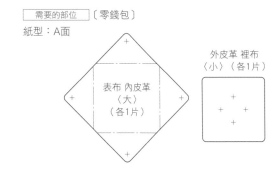

表布 內皮革
〈大〉
（各1片）

外皮革 裡布
〈小〉（各1片）

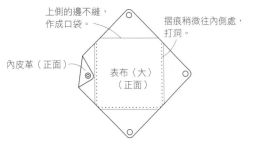

上側的邊不縫，
作成口袋。

摺痕稍微往內側處，
打洞。

內皮革（正面）

表布〈大〉
（正面）

C　布料＋布料　〔成品尺寸：10×10cm〕

材料

表布（棉・9號帆布）：23×12cm
卡片夾・紙鈔夾・
零錢包表布・底部（棉・印花布）：44×65cm
薄膠襯（不織布）：44×65cm
雙面膠襯：31×9cm

作法 →參考紙鈔袋P.44、零錢包P.63-B
零錢包以手縫縫於表布上。

需要的部位 〔零錢包〕

紙型：P.90

表布（1片）

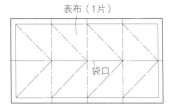

袋口

底部
（1片）

D　布料＋布料　〔成品尺寸：10×10cm〕

材料

表布（棉・印花布）：23×12cm
卡片夾・紙鈔夾・
零錢包裡布（棉・印花布）：44×61cm
零錢包表布（棉・印花布）：18×19cm
薄膠襯（不織布）：44×65cm
四合釦：寬18mm 1組

作法 →參考紙鈔袋P.44、零錢包P.46-B

需要的部位

〔零錢包〕

紙型：P.89

表布
裡布
（各1片）

No.27 三摺式錢包　　P.30

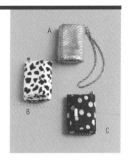

錢包的錬子也可以自己作！
準備喜歡長度的錬子，兩端裝上2個鋅鉤就ok囉！

A 皮革＋布料　〔成品尺寸：6.5×9cm〕

材料

外皮革・釦絆（羊皮 厚0.6mm）：22×12cm
裡布・卡片夾・零錢包表布・
零錢包裡布（棉・印花布）：42×44cm
薄膠襯（不織布）：42×44cm
四合釦：直徑9.8mm 2組
0.8mm角線 附兩個鋅鉤錬子：38cm 1條（★）

B 布料＋布料　〔成品尺寸：6.5×9cm〕

材料

表布・零錢包表布（拉錬）：22×28cm
裡布・卡片夾・釦絆・
零錢包裡布（棉・印花布）：22×65cm
薄膠襯（不織布）：42×49cm
四合釦：直徑9.8mm 2組

C 布料＋布料　〔成品尺寸：6.5×9cm〕

材料

表布・零錢包表布・零錢包裡布（絲・和服布料）：22×28cm
裡布・卡片夾・釦絆（絲・內裡布）：22×65cm
薄膠襯（不織布）：42×49cm
四合釦：寬18mm 2組

準備 ※A、B、C
A外皮革依紙型裁切。A、B、C是裡布，
卡片夾、零錢包表布、零錢包裡布的背面貼上膠襯，
依紙型裁切。

A至C
需要的部位

紙型：P.95、紙型B面　※釦絆如圖所示尺寸裁切。

A：外皮革 裡布
B・C：表布 裡布
＋　　　＋　　　＋
（各1片）

卡片夾
（1片）

零錢包
表布、裡布
（各1片）

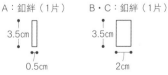

A：釦絆（1片）　　　B・C：釦絆（1片）

3.5cm　　　　　　3.5cm

0.5cm　　　　　　2cm

作法 ※A、B、C

❶摺疊卡片夾，袋口車縫布邊。縫合隔間（→參考P.41-1）。

❷裡布的返口縫份剪牙口，縫份往內摺（→參考P.45-2）。

❸裝上四合釦（或釦片式四合釦）的凹釦（→參考P.38-5）。

❹裡布與卡片夾重疊於縫線上，外皮革（或布料）正面相對。

　製作釦絆，夾入上緣，避開返口周圍縫合一圈。

❺製作四合釦零錢包（→參考P.46-B）。

❻自返口翻回正面，以藏針縫縫合零錢包的兩脇邊及底部。

❼縫合返口。裝上四合釦（或釦片式四合釦）的凸釦

　（→參考P.38-5、P.45-4）。

　A款在釦絆裝上鍊條。

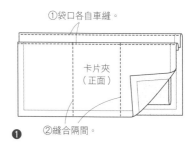

①袋口各自車縫。

卡片夾（正面）

❶ ②縫合隔間。

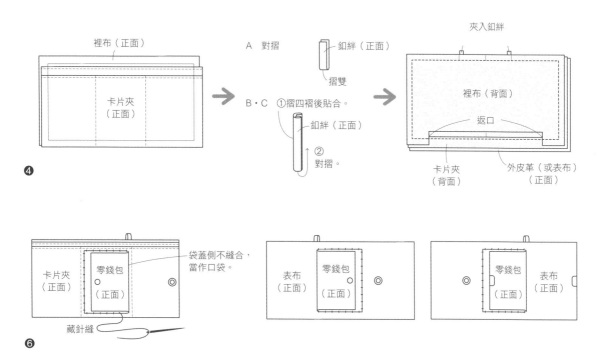

裡布（正面）

卡片夾（正面）

A 對摺

釦絆（正面）

摺雙

B・C ①摺四褶後貼合。

釦絆（正面）

② 對摺。

夾入釦絆

裡布（背面）

返口

卡片夾（背面）　　外皮革（或表布）（正面）

❹

卡片夾（正面）　零錢包（正面）

袋蓋側不縫合，當作口袋。

藏針縫

❻

表布（正面）　零錢包（正面）

零錢包（正面）　表布（正面）

28 小不點零錢包 P.32

全部都是用到目前登場作品剩下的皮革及邊布作成的作品。
雖然很迷你，但一定放得下兩個10元硬幣。

口金

| A | 皮革 〔成品尺寸：4×4cm〕 |

| A・B
需要的部位 |
紙型：A面

[材料]
外皮革（牛皮 厚1.3mm・開孔布）：5×9cm
附鋅鉤的口金：4×3.9cm（F16）1個（★）
紙繩：適量
鍊子：12cm

[準備]
外皮革依紙型裁切。

[作法]
❶準備紙繩，外皮革嵌入口（→參考P.43-10）。
❷裝上鍊子。

A：外皮革（1片）

B：表布
裡布
（各1片）

| B | 布料＋布料 〔成品尺寸：4×4cm〕 |

[材料]
表布（棉・條紋布・或亞麻混紡）
：6×9cm
裡布（棉・印花）：6×9cm
薄膠襯（不織布）：6×9cm
再生紙：5×9cm
紙繩：適量
附鋅鉤口金：4×3.9cm（F16）1個（★）

[準備]
表布維持原狀，裡布背面貼上膠襯，依紙型裁切。
再生紙比表布紙型往內1mm，
省略兩脇邊摺份後裁切。

[作法]
❶表布的周圍與脇邊的摺份塗上接著劑，重疊摺份後，底部摺出摺痕後貼合。
　摺出兩脇邊的摺份後貼合（→參考P.43-8）。
❷摺出裡布的兩脇邊摺份後貼合。周圍塗上接著劑，底部摺出摺痕後與①貼合。
❸準備紙繩，嵌入口金（→參考P.43-10）。

彈片夾

皮革 〔成品尺寸：4×4×3cm〕

A・B
需要的部位
紙型：A面

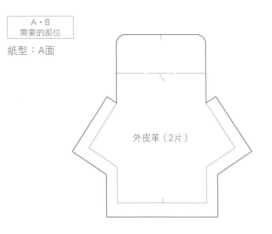

外皮革（2片）

A

材料
外皮革（豬皮 厚0.4mm）：9×9cm
彈片夾：5×1cm 1個

B

材料
外皮革（牛皮 厚0.7mm）：9×9cm
附鋅鉤彈片夾：5×1cm 1個
鍊子：12cm

準備 ※A、B
外皮革依紙型裁切。

作法 ※A、B→參考P.57
❶外皮革的袋口在縫線上往外側摺疊後縫合。
❷正面相對，縫合底部及脇邊。
❸縫合側身，翻回正面。
❹穿過彈片夾。B裝上鍊子。

車縫

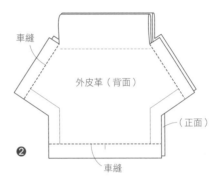

外皮革（背面）

（正面）

❷

車縫

盒型

A	皮革 〔成品尺寸：4×3.5cm〕

材料
外皮革・補強片（牛皮1.2mm厚）：8×10cm
四合釦：直徑9.8mm1組
麻線：適量

A至C
需要的部位
紙型：A面
※釦絆如圖所示
尺寸裁切。

A・C 外皮革
B：表布
裡布
（各1片）

B	布料＋布料 〔成品尺寸：4×3.5cm〕

材料
表布・補強片（棉・7號帆布）：8×10cm
裡布（棉・印花布）：8×10cm
雙面膠襯：8×10cm
四合釦：直徑9.8mm1組

C：釦絆（1片）

補強片（1片）

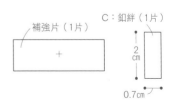

2
cm

0.7cm

| C | 皮革 | 〔成品尺寸：4×3.5cm〕 |

材料

外皮革‧補強片‧釦絆（豬皮 厚0.6mm）：8×10cm

四合釦：直徑9.8mm 1組

錬子：12cm

準備 ※A、B、C

A、C依紙型裁切。B粗裁表布與裡布，貼合雙面膠襯，依紙型裁切。

布邊塗上防脫線膠。

作法 →參考P.37

❶外皮革（表布）的袋蓋背面以接著劑貼合補強片。

❷A外皮革的脇邊背面相對貼合，打洞，以手縫縫合。

　B是表布，C外皮革的脇邊背面相對後貼合（C夾入釦絆）。

❸裝上四合釦（參考P38-⑤）。

　C在釦絆上裝上錬子。

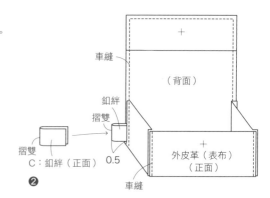

馬卡龍

| 皮革＋皮革 | 〔成品尺寸：直徑3.5cm〕 |

需要的部位

紙型：A面

外皮革
內皮革
（各2片）

材料

外皮革（牛皮 紅色 厚0.6mm／銀色 厚1.2mm）：7×4cm

內皮革（豬皮‧麂皮厚0.5mm）：7×4cm

拉錬：10cm 1條

錬子：12cm

麻線：適量

準備

外皮革、內皮革依紙型裁切。

作法

❶外皮革打洞。

❷處理拉錬邊（→參考P.42-②④至⑦），縫於外皮革上。

❸外皮革的背面以接著劑貼合內皮革。

❹拉錬頭裝上錬子。

打洞

0.3

外皮革
（正面）

❶

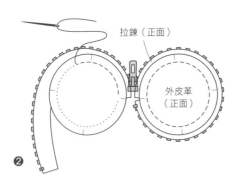

❷

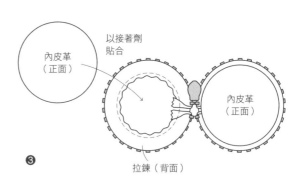

❸

No.1・No.2・No.14・No.20-Asub・No.26-D

原寸紙型

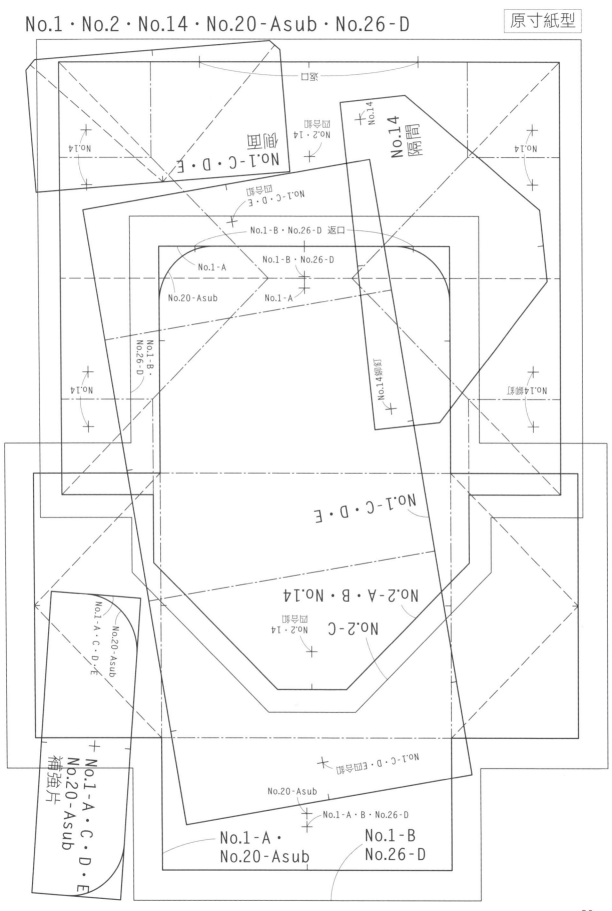

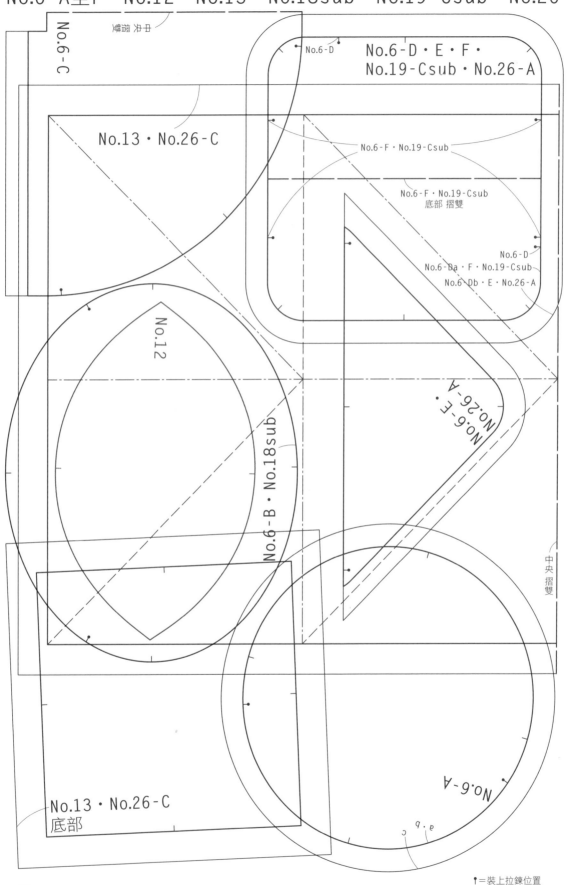

No.6-C

中央 摺雙

No.6-D

No.6-D・E・F・
No.19-Csub・No.26-A

No.13・No.26-C

No.6-F・No.19-Csub

No.6-F・No.19-Csub
底部 摺雙

No.6-D
No.6-Da・F・No.19-Csub
No.6-Db・E・No.26-A

No.12

No.6-B・No.18sub

No.6-E・No.26-A

中央摺雙

No.6-A

No.13・No.26-C
底部

↑=裝上拉鍊位置

No.11・No.22

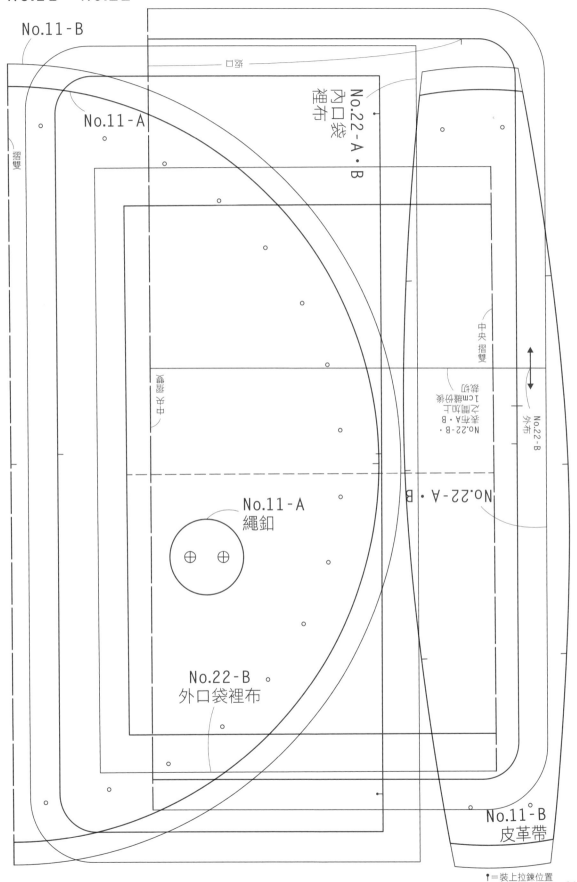

No.11-B

No.11-A

No.11-A
繩釦

No.22-B
外口袋裡布

No.22-A・B
內口袋
裡布

口寬

摺雙

中央摺雙

No.22-B
外布

No.22-B・
柔件A・B
之間加上
1cm縫份後
絳印

No.22-A・B

中布摺雙

No.11-B
皮革帶

=裝上拉鍊位置

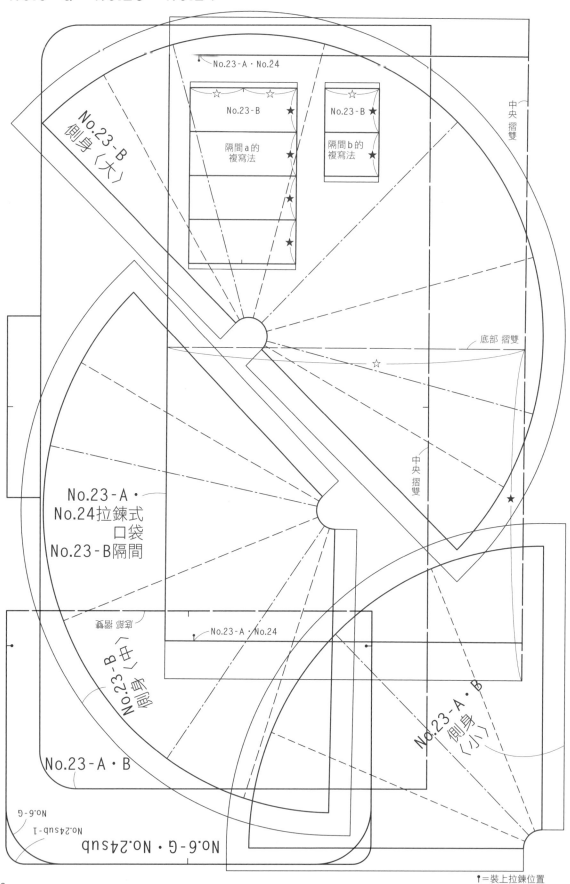

No.23-A・No.24

No.23-B ★

No.23-B ★

隔間a的
複寫法 ★

隔間b的
複寫法 ★

★

★

No.23-B
側身〈大〉

中央
摺雙

底部 摺雙

☆

中央
摺雙

★

No.23-A・
No.24拉鍊式
口袋
No.23-B隔間

No.23-B〈中〉隔間

底部 摺雙

No.23-A・No.24

No.23-A・B

No.23-A・B
側身〈小〉

No.6-G
No.24sub-1
No.6-G・No.2.4sub

‡=裝上拉鍊位置

No.24・No.25

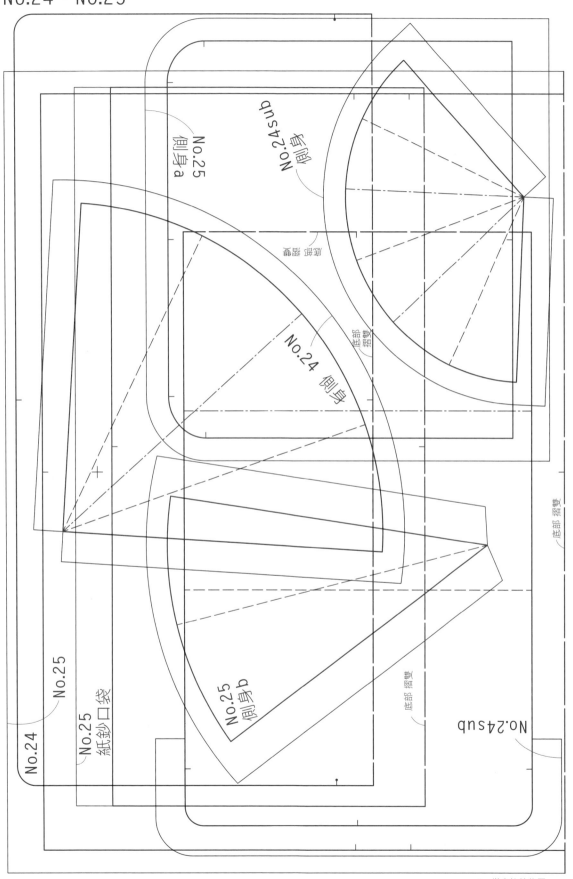

No.24 側身

No.25 側身 a

No.24sub 側身

底部 摺雙

底部 摺雙

No.25 側身 b

No.24sub

底部 摺雙

底部 摺雙

No.24

No.25

No.25 紙鈔口袋

No.4・No.16・No.19・No.19-Bsub・No.21

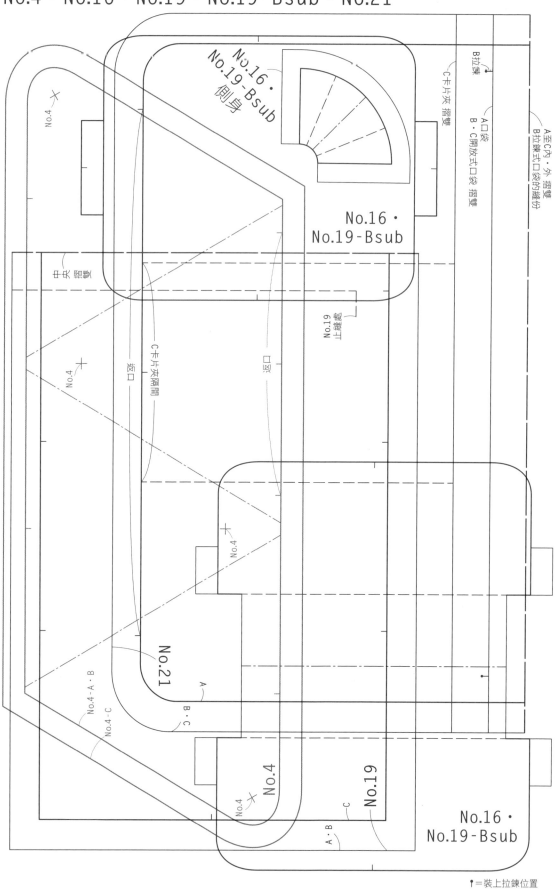

↑=裝上拉鍊位置

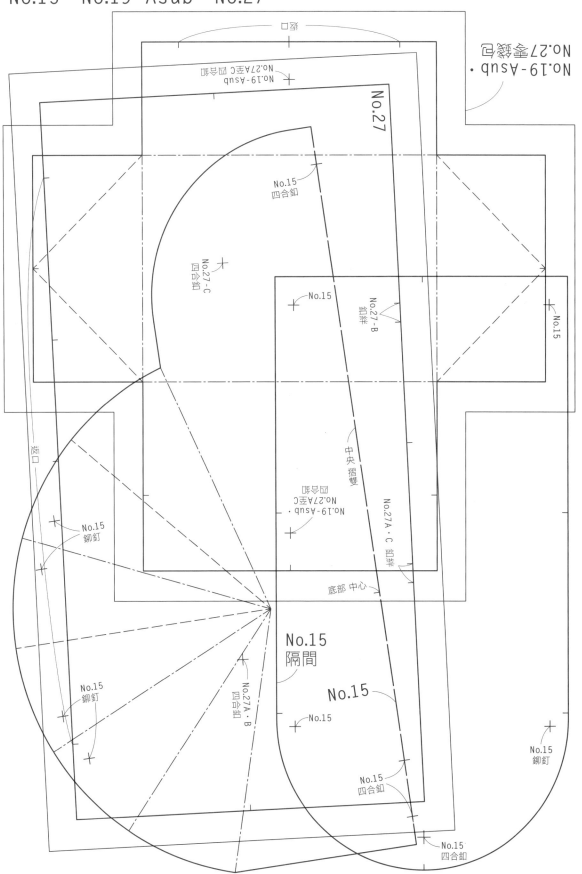

No.27

No.19-Asub・
No.27 裁縫包

封口

No.19-Asub
No.27差C 四合釦

No.15
四合釦

No.27-C
四合釦

No.15

No.27-B
釦絆

No.15

中央摺雙
No.19-Asub・
No.27A差C 四合釦

No.27A・C 釦絆

返口

底部 中心

No.15
鉚釘

No.15
隔間

No.15

No.27A・B
四合釦

No.15
鉚釘

No.15

No.15
鉚釘

No.15
四合釦

No.15
鉚釘

No.15
四合釦

【Fun手作】116

皮革×布作！初學者の手作錢包（經典版）
一次滿足錢包控的45枚紙型×
97個零錢包、短夾、長夾、口金包超值全收錄

作　　者／越膳夕香
譯　　者／楊淑慧
發 行 人／詹慶和
執行編輯／黃璟安
編　　輯／劉蕙寧・陳姿伶・詹凱雲
封面設計／韓欣恬
美術編輯／陳麗娜・周盈汝
內頁編排／造極彩色印刷
出 版 者／雅書堂文化事業有限公司
發 行 者／雅書堂文化事業有限公司
郵撥帳號／18225950 戶名：雅書堂文化事業有限公司
地　　址／新北市板橋區板新路206號3樓
網　　址／www.elegantbooks.com.tw
電子郵件／elegant.books@msa.hinet.net
電　　話／(02)8952-4078
傳　　真／(02)8952-4084

2024年8月三版一刷　定價380元

NUNO DE TSUKUROU,KAWA DE TSUKUROU WATASHI NO OSAIFU
by Yuka Koshizen
Copyright © 2015 Yuka Koshizen
All rights reserved.
Original Japanese edition published by KAWADE SHOBO SHINSHA
Ltd. Publishers.
This Complex Chinese edition is published by arrangement with
KAWADE SHOBO SHINSHA Ltd. Publishers,Tokyoin care of Tuttle-
Mori Agency,Inc.,
Tokyo through Keio Cultural Enterprise Co., Ltd., New Taipei City.

國家圖書館出版品預行編目(CIP)資料

皮革×布作！初學者の手作錢包：一次滿足錢包控的45枚紙
型×97個零錢包、短夾、長夾、口金包超值全收錄 / 越膳夕
香著；楊淑慧譯.
-- 三版. -- 新北市：雅書堂文化, 2024.08
　面；　公分. -- (Fun手作 ;116)
ISBN 978-986-302-728-7(平裝)

1.CST: 手提袋 2.CST: 手工藝

426.7　　　　　　　　　　　　　　　　113010416

作者介紹

越膳夕香

出生於北海道旭川市。曾擔任女性雜誌的編輯，後來轉換跑道成為作家。

在手作雜誌發表包包、布製小物、針織小物等作品。

使用材料從和服材質到皮革，應用的範圍很廣，身上穿戴的物品除了鞋子以外，幾乎都能自己製作。希望傳達「製作自己要使用的only one作品」這樣的精神，而開設了追求容易製作及實用＆有趣的「xixiang手工俱樂部」。

帶著自己喜歡的材料，製作想要的作品，是一間隨性的手作教室。著有《旅のはじまりは　このバックで》（河出書房新社出版）、《いちばんわかりやすいおさいほうの基礎BOOK》（成美堂出版）、《手作人最愛×拼布人必學！：39個一級棒の口金包》、《白膠黏貼就OK！簡單縫，好好作！新手也能駕馭の41個時尚特選口金包》（以上著作由河出書房新社出版，繁體中文版由雅書堂文化出版）

STAFF

攝影／下村しのぶ（封面、p4至32）
　　　白井由香里（p34至45）
設計／根本真路
作法插圖／沼本康代
作法排版協助／山元美乃
紙型製作／wade手工藝製作部
編輯、作法解說／高井法子

材料協助

株式會社角田商店
http://shop.towanny.com/
藤久株式會社
http://www.crafttown.jp
手工藝用網路商店[シュゲール]
http://www.shugale.com